高等职业教育精品双高系列教程

U0290579

自动控制原理及其应用

徐君燕　主　编

王彤彤　陈玲君　副主编

金浙良　黄　芳　耿雷雷　董汉菁　参　编

电子工业出版社

Publishing House of Electronics Industry

北京·BEIJING

内 容 简 介

全书以强化工程应用，弱化数学推导为基调，主要内容可分为五大模块：自动控制系统概述（第1章）、控制系统的数学模型（第2章）、控制系统的分析方法（第3～4章）、控制系统的校正（第5章）和控制系统的工程应用（第6～7章）。编者根据全书内容设计了配套讲解视频、课件和习题。第2～7章包含了 MATLAB 软件在自动控制系统分析中的应用。

本书内容由浅入深、循序渐进、环环相扣，适合专科自动化、机电类、电气类、信息类等专业师生使用。

未经许可，不得以任何方式复制或抄袭本书之部分或全部内容。

版权所有，侵权必究。

图书在版编目（CIP）数据

自动控制原理及其应用 / 徐君燕主编 . —北京：电子工业出版社，2023.1
ISBN 978-7-121-44968-0

Ⅰ.①自… Ⅱ.①徐… Ⅲ.①自动控制理论－高等职业教育－教材 Ⅳ.① TP13

中国国家版本馆 CIP 数据核字（2023）第 017547 号

责任编辑：郭乃明
印　　刷：北京市大天乐投资管理有限公司
装　　订：北京市大天乐投资管理有限公司
出版发行：电子工业出版社
　　　　　北京市海淀区万寿路 173 信箱　邮编　100036
开　　本：787×1 092　1/16　印张：12.5　字数：328 千字
版　　次：2023 年 1 月第 1 版
印　　次：2023 年 10 月第 2 次印刷
定　　价：39.00 元

凡所购买电子工业出版社图书有缺损问题，请向购买书店调换。若书店售缺，请与本社发行部联系，联系及邮购电话：（010）88254888，88258888。

质量投诉请发邮件至 zlts@phei.com.cn，盗版侵权举报请发邮件至 dbqq@phei.com.cn。

本书咨询联系方式：（010）88254561，guonm@phei.com.cn。

前 言 PREFACE

本书以工程应用为背景介绍自动控制原理的核心知识点，较全面地阐述了自动控制的基本理论。全书共 7 章，重点介绍经典控制理论，着重介绍了自动控制系统的建模方法、时域和频域分析方法和系统设计方法，最后以直流调速系统和伺服系统为例概述了自动控制系统工程应用实例的设计步骤。本书既致力于基本概念和基本方法的阐述，也力求理论联系实际。本书精选典型例题与习题，便于自学，部分实例涉及多个学科领域，适用于自动化及相关专业，也可供有关科技人员参考。

本书由徐君燕（浙江工业职业技术学院）担任主编，王彤彤（浙江工业职业技术学院）、陈玲君（绍兴职业技术学院）担任副主编。其中第 1～5 章由徐君燕编写，第 6～7 章由王彤彤编写，仿真实验部分由陈玲君编写，最后由徐君燕统稿。在线精品课程建设小组成员金浙良、黄芳、耿雷雷、董汉菁参与了配套视频的拍摄和教学资料的整理工作。

在本书的编写过程中许多老师和同学提出了宝贵的意见和建议，在此表示感谢。

限于编者水平，书中难免存在不足之处，恳请广大读者批评指正。

目　录

145　第 6 章　直流调速系统

155　第 7 章　伺服系统

179 　仿真实验

190 　参考文献

第1章
自动控制系统概述

本章主要研究自动控制理论的发展史，开环控制与闭环控制的特点及应用，自动控制系统的组成、分类和性能指标；最后给出几个自动控制系统的实例，便于大家学习。

■ 1.1　自动控制理论的发展史

1.1 自动控制理论的发展史

在一般工业生产过程中，对压力、温度、流量、液位、功率和频率的控制，以及对原料和燃料成分比例的控制等，如果单靠人工，许多情况下难以或根本不可能满足要求，因而在生产过程中引入自动控制。所谓自动控制，是指在没有人参与的情况下，利用外加设备或装置使机器设备或生产过程中的某个工作状态或参数自动地按照预定的规律运行。自动控制技术的广泛应用，不仅使生产过程实现了自动化，极大地提高了生产效率，还降低了人们的劳动强度。更重要的是，自动控制技术解决了在特殊环境下，对人有毒、有害的生产过程或由于各种原因，人根本不能靠近的设备和对象的控制难题。例如，放射性对人体是有害的，核反应堆运行过程中，在其周围有很强的放射性，人们是不可能接近它的，所以核反应堆运行过程中的所有物理参数的测量和控制都是靠自动控制系统完成的。因此，自动化是一个国家或社会现代化水平的重要标志。

自动控制理论的任务是对各类系统中的信息传递与转换关系进行定量分析，并根据这些定量关系预见控制系统的运动规律。自动控制理论的发展可追溯到 18 世纪中叶，瓦特在发明蒸汽机的同时，发明了离心式调速器，使蒸汽机转速保持恒定，这是最早用于工业的自动控制装置。在第二次世界大战期间，对于军用装备，如飞机及船用自动驾驶仪、火炮定位系统、雷达跟踪系统，以及其他基于反馈原理的军用装备等的设计与制造的强烈需求，进一步推动了自动控制理论的发展。第二次世界大战后，完整的自动控制理论体系（所谓的经典控制理论）已基本形成，它以传递函数为数学工具，以频域分析法为主要研究方法，研究单输入 - 单输出的线性定常系统的分析和设计问题，并在工程上比较成功地解决了恒值控制系统与随动控制系统的设计与实践问题。

20 世纪 60 年代，为了满足当时宇航、国防等尖端科学技术和复杂系统发展的需要，自动控制理论跨入了一个新阶段——现代控制理论。它主要研究具有高性能、高精度的多输入 - 多输出、线性或非线性、定常或时变系统的分析与设计问题，如最优控制、最佳滤波、自适应控制、系统辨识和随机控制等。

智能控制理论和大系统理论是在 20 世纪随着计算机技术和人工智能理论取得重大进

展而发展起来的新型控制理论，主要研究具有人工智能的工程控制和信息处理问题，试图模仿具有高度自组织、自适应和自调节能力的人类，以使具有高度复杂性、高度不确定性的系统达到更高的要求。

综上所述，自动控制理论的发展过程如图 1-1 所示。

自动控制理论的不断发展，反映了人类社会由机械化步入电气化、自动化，进而走向信息化、智能化的时代特征。面对深奥的自动控制理论和众多的自动控制系统，本书只能起到入门的作用。通过对本书的学习，可以对自动控制系统的工作原理、数学模型、系统的校正和调试等方面有一个相对完整的认识，掌握自动控制系统的一般分析方法，为从事自动控制技术工作建立理论基础。

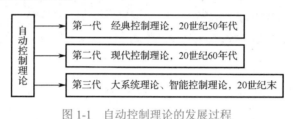

图 1-1　自动控制理论的发展过程

■ 1.2　自动控制系统的基本原理和控制方式

1.2.1　自动控制系统的基本原理

自动控制作为重要的技术手段，主要用于解决各类工程和科学研究中的技术问题。实际上，在各种生产过程和生产设备中，常常需要使其中的某些物理量保持恒定或按照某种规律变化，以满足系统运行的要求。

首先以直流调速控制系统为例，对其实现直流电动机转速自动控制的基本原理加以研究，从中引出自动控制和自动控制系统的基本概念。

实现直流电动机转速控制有两种方法：人工控制和自动控制。图 1-2 所示为人工控制的电动机调速系统。

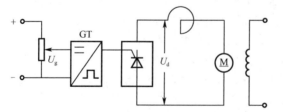

1.2.1 人工控制和自动控制

图 1-2　人工控制的电动机调速系统

人工控制的电动机调速系统的工作原理：人可以通过改变电位器滑动端的位置，达到改变电动机转速的目的。因为改变电位器滑动端的位置，相应地改变了电压 U_g 的值，其值经功率放大器放大后施加在直流电动机的电枢两端。由于直流电动机具有恒定的励磁电流，因此随着电枢电压值的不同，电动机便以不同的转速带动生产机械运转。于是，改变

U_g 的大小，便控制了电动机转速的高低。

这种人工调节过程可归纳为：通过测量元件测量电动机实际转速，将实际转速与要求的转速值（也称给定值）相比较，得出两者之差（偏差），然后根据偏差的大小和方向调节电位器滑动端的位置。当实际转速高于要求的转速值时，减小电压 U_g 的值，否则增大电压 U_g 的值，从而改变电动机转速，使之与要求的转速值保持一致。

由此可见，人工控制的过程就是测量、求偏差、实施控制以纠正偏差的过程，也就是检测偏差并纠正偏差的过程。

对于这样简单的控制形式，如果能找到一个控制器代替人的大脑，那么这样一个人工控制系统就可以变成一个自动控制系统。图 1-3 所示为自动调速控制系统。

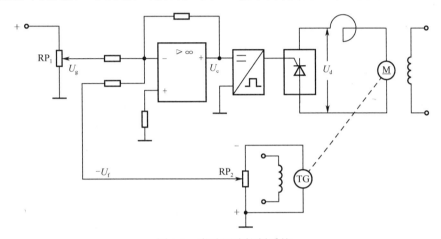

图 1-3　自动调速控制系统

自动调速控制系统的工作原理：测速发电机测量电动机的转速 n，并将其转换为相应的电压 U_f，将它与给定电位器的输出电压 U_g 进行比较，得到的偏差电压经放大装置放大后控制电动机的工作电压 U_d，而电压 U_g 即代表了系统所要求的转速。如果工作机械的负载增大，使电动机转速下降，则测速发电机输出电压 U_f 减小，其与给定电压 U_g 比较后的偏差电压（$U = U_g - U_f$）增大，经放大后使触发控制电压增大，从而使晶闸管整流装置输出电压 U_d 增大，U_d 加在电动机电枢两端，则电动机的转速 n 将提高，从而使电动机转速得到补偿，反之，过程刚好相反。

因此，转速自动控制的目的是消除或减小偏差，使实际转速达到要求的转速值。

比较上述人工控制和自动控制可知，执行机构相当于人手，测量装置相当于人眼，控制器相当于人脑。另外，它们之间还有一个共同的特点，就是都要检测偏差，并用检测到的偏差去纠正偏差，可见没有偏差便没有调节过程。在自动控制系统中，这一偏差是通过反馈建立起来的。反馈是指输出量通过适当的测量装置将信号全部或部分返回输入端，使之与输入量进行比较，比较的结果称为偏差。基于反馈的"检测偏差用以纠正偏差"的原理又称为反馈控制原理，利用反馈控制原理组成的系统称为反馈控制系统。

1.2.2　自动控制系统的控制方式

自动控制系统有两种基本的控制方式：开环控制与闭环控制。与这两种控制方式对应的系统分别称为开环控制系统和闭环控制系统。

1. 开环控制系统

若系统的输出量对系统的控制作用不产生影响，则称为开环控制系统。换句话说，开环控制系统是在系统的输出端和输入端之间不存在反馈回路的系统，其原理方框图如图 1-4 所示。开环控制系统的工作原理简单，控制精度差，在控制过程中，对于控制结果可能出现的偏差，系统没有自动修正的能力，其精度主要由校准的精度及工作过程中各组成元件的参数和特性稳定的程度来决定。因此，该系统适用于结构参数稳定、干扰很弱或对被控量要求不高的场合，如家用电风扇的转速控制。

1.2.2 开环控制系统

图 1-4 开环控制系统的原理方框图

例如，家用电饭煲的控制系统是一个开环控制系统，其结构图如图 1-5 所示。

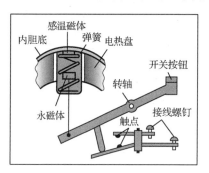

图 1-5 家用电饭煲的控制系统结构图

家用电饭煲工作时，先输入做饭指令，按下开关按钮，电热盘工作，开始煮饭，当内锅温度上升到限制温度（103℃）时，感温磁体失去了铁磁性（感温磁体在常温下具有铁磁性，但温度升高到 103℃ 时便失去铁磁性，这个温度称为这种材料的居里温度或居里点），感温磁体和永磁体在弹簧作用下分开，触点开关断开，电热盘停止工作，电饭煲工作过程结束，电饭煲进入保温状态。图 1-6 是家用电饭煲的控制系统原理方框图。

图 1-6 家用电饭煲的控制系统原理方框图

2. 闭环控制系统

若系统输出量通过反馈回路对系统的控制作用能产生直接影响，则称为闭环控制系统。闭环控制系统的实质是一个反馈控制系统，其原理方框图如图 1-7 所示。

1.2.3 闭环控制系统

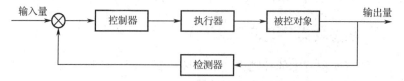
图 1-7 闭环控制系统的原理方框图

　　在这种控制方式中，无论是外界干扰造成的，还是系统自身结构参数的变化引起的被控量与给定量之间的偏差，系统都能够自行减小或消除。因此这种控制方式也称为按偏差调节。闭环控制系统的突出优点是利用偏差来纠正偏差，使系统达到较高的控制精度。但与开环控制系统相比，闭环控制系统的结构比较复杂，调试比较困难。需要指出的是，由于闭环控制存在反馈信号，所以在利用偏差进行控制时，如果设备调试不当，将会产生振荡，使系统无法正常和稳定地工作。

　　例如，家用电饭煲的保温控制系统就是一个闭环控制系统，保温控制系统的结构如图1-8 所示。

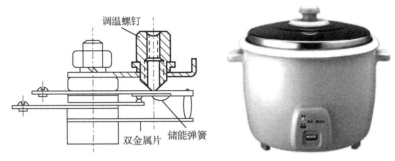

图 1-8　家用电饭煲的保温控制系统的结构图

　　当内锅温度下降到保温点（65℃）时，实施保温控制，内锅温度继续下降时，双金属片发生变形，触点开关闭合，电热盘工作，内锅温度上升，当内锅温度升到保温点（65℃）时，双金属片又发生变形，触点开关断开，电热盘停止工作，这样电饭煲就达到了保温的目的。图 1-9 是家用电饭煲的保温控制系统原理方框图。

　　在实际应用中，控制对象往往需要高精度的、快速的控制系统，而开环控制系统虽有较高的灵敏性和快速性，但它的抗干扰能力很低，不能满足高精度的要求；闭环控制系统按偏差调节，有较高的精确度，但又难以满足快速性的要求。因此，可以把两者结合起来，采用复合控制系统，它兼具开环控制系统的快速性和闭环控制系统的精确性。

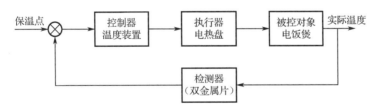

图 1-9　家用电饭煲的保温控制系统原理方框图

■ 1.3　自动控制系统的组成与分类

1.3.1　自动控制系统的组成

　　现以图 1-10 所示的电炉箱恒温自动控制系统来说明自动控制系统的组成和有关术语。

1.3 自动控制系统
的组成与分类

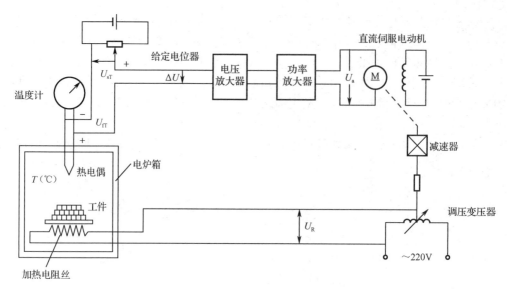

图 1-10 电炉箱恒温自动控制系统

为了使炉温恒定，电炉箱恒温自动控制系统必须采用闭环控制，用热电偶来检测电炉箱温度。热电偶先将炉温转换成电压信号 U_{fT}，然后反馈至输入端与给定信号 U_{sT} 进行比较，由于采用负反馈控制，因此两者极性相反，两者的差值 ΔU（$\Delta U = U_{sT} - U_{fT}$）称为偏差电压。此偏差电压作为控制电压，经电压放大器和功率放大器放大后，去驱动直流伺服电动机，电动机经减速器带动调压变压器的滑动触头移动来调节炉温。

为了表明自动控制系统的组成及信号的传递情况，通常把自动控制系统各个环节用框图表示，并用箭头标明各作用量的传递情况。图 1-11 便是电炉箱恒温自动控制系统原理方框图。方框图可以把系统的组成简单明了地表示出来，而不必画出具体线路。

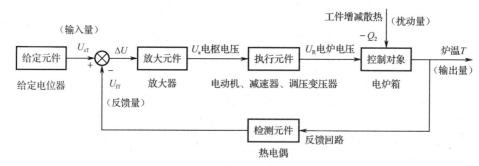

图 1-11 电炉箱恒温自动控制系统原理方框图

由图 1-11 可以看出，一般自动控制系统包括以下几部分。

（1）给定元件：由它调节给定信号（U_{sT}），以调节输出量的大小。

（2）检测元件：由它检测输出量（如炉温 T）的大小，并反馈到输入端。

（3）比较环节：在此处，反馈信号与给定信号叠加，信号的极性以"+"或"–"表示。

（4）放大元件：由于偏差信号一般很小，因此要经过电压放大器及功率放大器放大，以驱动执行元件。

（5）执行元件：用来驱动控制对象。

（6）控制对象：需要实现控制的设备、机械或生产过程，简称对象。

（7）反馈环节：将输出量引出，并回送到控制部分的环节。

由图 1-11 可见，系统中包括以下几部分。

（1）输入量：又称控制量或参考输入量，输入量的角标常用 i（或 r）表示。

（2）输出量：又称被控量，输出量的角标常用 o（或 c）表示。

（3）反馈量：通过检测元件将输出量转变成的、与给定信号性质相同且数量级相同的信号。

（4）扰动量：又称干扰或"噪声"，扰动量的角标常用 d（或 n）表示。

（5）中间变量：系统中各环节之间的作用量。

（6）偏差：偏差本应是设定值与控制变量的实际值之差，但能获取的是控制变量的测量值而非实际值，因此，在控制系统中通常把设定值与测量值之差定义为偏差。

1.3.2 自动控制系统的分类

自动控制系统可以从不同的角度进行分类，常见的有以下几种。

1. 按输入信号变化的规律分类

1）恒值控制系统

恒值控制系统的特点是系统的输入信号是恒定值，并且要求系统的输出量相应地保持恒定。

恒值控制系统是最常见的一类自动控制系统，如自动调速系统、恒温控制系统、恒张力控制系统等。此外，许多恒压（液压）、稳压（电压）、稳流（电流）、恒频（频率）的自动控制系统也都是恒值控制系统。

2）随动控制系统

随动控制系统（又称伺服系统）的一个特点是输入信号是不断变化的（有时是随机的），并且系统的输出量能跟随输入量的变化做出相应的变化。这种控制系统可以用功率很小的输入信号操纵功率很大的工作机械（只要选用大功率的功放装置和电动机即可），还可以进行远距离控制。

随动控制系统在工业和国防上有着极为广泛的应用，如刀架跟随系统、自动火炮控制系统、雷达跟踪系统、机器人控制系统、自动驾驶系统、自动导航系统和工业生产中的自动测量仪器等。

3）程序控制系统

程序控制系统与随动控制系统的不同之处是它的给定输入不是随机、不可知的，而是按预定的规律变化着的。这类系统往往适用于特定的生产工艺或生产过程，要按所需要的控制规律给定输入，并要求输出按预定的规律变化。这种系统比随动控制系统有针对性。由于变化规律已知，可根据要求事先选择方案，以保证控制性能和精度。在工业生产中广泛应用的程序控制系统有仿形控制系统、机床数控加工系统等。

2. 按系统传输信号对时间的关系分类

1）连续控制系统

连续控制系统的特点是各元件的输入量与输出量都是连续量或模拟量，所以连续控制系统又称为模拟控制系统。

通常，恒温控制系统就是连续控制系统。连续控制系统的运动规律通常可用微分方程来描述。

2）离散控制系统

离散控制系统又称采样数据控制系统，它的特点是系统中有的信号是脉冲序列、采样数据量或数字量。通常，采用数字计算机控制的系统都是离散控制系统。离散控制系统的运动规律通常可用差分方程来描述。

3. 按系统的输出量和输入量间的关系分类

1）线性系统

线性系统的特点是系统全部由线性元件组成，它的输出量与输入量间的关系用线性微分方程来描述。线性系统最重要的特性是可以应用叠加原理。叠加原理：两个不同的作用量同时作用于系统时的响应等于这两个作用量单独作用于系统时的响应的叠加。

2）非线性系统

非线性系统的特点是系统中存在非线性元件（如具有死区、饱和、库仑摩擦等非线性特性的元件），它的输出量与输入量间的关系用非线性微分方程来描述。非线性系统不能应用叠加原理。分析非线性系统的工程方法有描述函数法和相平面法。

4. 按系统中的参数对时间的变化情况分类

1）定常系统

定常系统（又称时不变系统）的特点是系统的全部参数不随时间变化，它的运动规律用定常微分方程来描述。在实际中遇到的系统，大多数属于这一类系统。

2）时变系统

时变系统的特点是系统中有的参数是时间 t 的函数，会随时间变化而改变。宇宙飞船控制系统就是时变系统的一个例子（宇宙飞船飞行过程中，飞船内燃料质量、飞船受的重力等都随时间发生变化）。

当然，除了以上的分类方法，还可以根据其他条件进行分类。

■ 1.4 自动控制系统的基本要求

1.4 自动控制系统的基本要求

一个理想的自动控制系统，在其整个控制过程中，被控量应始终等于给定值。但是，由于系统中存在着电磁惯性，在动态过程中被控量不可能立即等于给定值，而需要经过一个过渡过程。因此，评价系统性能优劣的指标也是从系统的动态过程中定义出来的。

工程上常常从稳定性、快速性、准确性 3 个方面对系统性能进行评价。

1. 稳定性

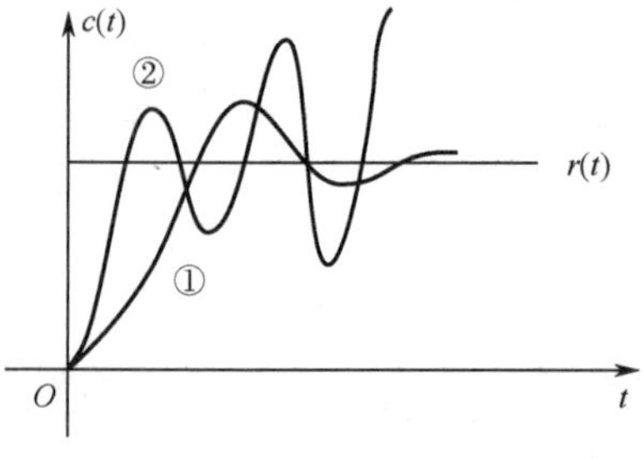

稳定性就是指系统动态过程的振荡倾向及其恢复平衡状态的能力。对于稳定的系统，当输出量偏离平衡状态时，应能随着时间收敛并且最后回到初始的平衡状态。如图 1-12 所示，系统在外界干扰信号作用下，输出逐渐与期望值一致，则系统是稳定的，如曲线①所示；反之，若输出如曲线②所示，则系统是不稳定的。

自动控制系统是否稳定是其能否正常工作的前提，稳定性好是对所有控制系统的最低要求，因为不稳定的

图 1-12 控制系统动态过程曲线

系统是无法工作的。在系统设计中，为了防止系统在工作过程中由于某些参数的变化而出现不稳定状态，自动控制系统必须满足一定的稳定裕量要求。

2. 快速性

快速性是指当系统的输出量与输入量之间产生偏差时，消除这种偏差的快慢程度。快速性好的系统，它消除偏差的过渡过程时间就短，就能复现快速变化的输入信号，因而具有较好的动态性能。例如，对于稳定的高射炮射角随动系统，虽然炮身最终能跟踪目标，但如果目标变化迅速，而炮身跟踪目标的过渡过程时间过长，就不可能击中目标；稳定的自动驾驶系统，当飞机受阵风扰动而偏离预定航线时，具有自动使飞机恢复预定航线的能力，但在恢复过程中，如果机身摇晃幅度过大，或者恢复速度过快，就会使乘客感到不适；函数记录仪记录输入电压时，如果记录笔移动过慢或摆动幅度过大，不仅会使记录失真，还会损坏记录笔。因此，对控制系统过渡过程的时间和过渡过程中的最大振荡幅度一般都有具体要求。

总之，快速性描述的是动态过程进行的时间的长短。过程时间越短，说明系统快速性越好，反之说明系统响应迟钝。如图 1-13 所示，曲线②的快速性明显优于曲线①。

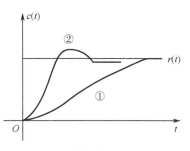

图 1-13　系统快速响应曲线

3. 准确性

准确性通常用稳态误差来表示。所谓稳态误差是指系统达到稳态时被控量的实际值和希望值之间的误差。误差越小，表示系统控制精度越高、越准确。稳定性和快速性反映了系统过渡过程的性能的好坏，既快又稳，表明系统的动态精度高；准确性则反映了系统后期稳态的性能。

图 1-13 中，曲线②存在一定的稳态误差，曲线①最终趋向于给定值，稳态误差近似为零。

以上分析的稳定性、快速性、准确性三方面的性能由于被控对象的具体情况不同，各系统的要求会有所侧重。而且同一个系统的稳定性、快速性、准确性的要求是相互制约的。

■ 1.5　自动控制系统实例分析

1. 位置随动系统

在飞行器的仪表中，为了将陀螺（或其他测量元件）测得的姿态角的数据传递到比较远的地方（如驾驶室的仪表盘上），就要进行转角的远距离传送，可以利用图 1-14 所示的随动系统来实现上述要求。该系统的任务就是保持输出轴始终紧紧跟随输入轴变化，而且输入轴位置是未知的时间函数。

1.5 自动控制系统举例

图 1-14 所示的随动系统的工作原理如下：首先利用两个电位器 RP_1 和 RP_2 分别把输入轴和输出轴的转角 θ_r 和 θ_c 变成相应的电压，然后把这两个电压反向串联（相减）即得与角度偏差 $\theta_e = \theta_r - \theta_c$ 成比例的电压 u_e，该电压经过放大器放大后加到电动机上，电动机的轴经减速器和输出轴相连，同时带动电位器 RP_2 的电刷移动，若 $\theta_c \neq \theta_r$，则 $u_e \neq 0$，放大后的电压 u 驱动电动机转动，最终应使 θ_c 接近 θ_r，使 θ_e 减小，最后两者相等，$\theta_c = \theta_r$，则 $u_e = 0$，电动机停止转动，系统进入平衡状态（假定元件没有死区）。这样，就保证了输出轴紧紧跟随输入轴变化。

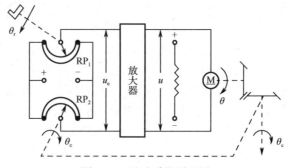

图 1-14　随动系统原理图

2. 函数记录仪

函数记录仪是一种自动记录电压信号的设备，其原理图如图 1-15 所示，其中记录笔与电位器 RP_2 的电刷机械连接。因此，由电位器 RP_1 和 RP_2 组成的桥式电路的输出电压 u_p 与记录笔的位移是成正比的。当有输入信号 u_r 时，在放大器输入端得到偏差电压 $u_g = u_r - u_p$，经放大器放大后驱动伺服电动机，并通过减速器及绳轮带动记录笔移动，使偏差电压减小至 0 时，电动机停止转动。这时记录笔的位移 L 就代表了输入信号的大小。若输入信号随时间连续变化，则记录笔便跟随并描绘出信号随时间变化的曲线。

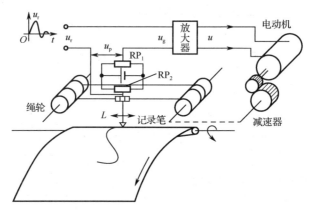

图 1-15　函数记录仪原理图

函数记录仪控制系统原理方框图如图 1-16 所示。函数记录仪控制系统的任务是控制记录笔正确记录输入的电压信号。而输入信号可以按时间的未知函数规律变化，因此这种控制系统是一个随动系统。

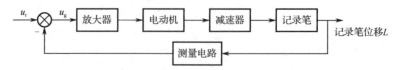

图 1-16　函数记录仪控制系统原理方框图

3. 速度控制系统

图 1-17 所示为蒸汽机上速度控制系统的基本原理。进入蒸汽机的蒸汽量，可根据蒸汽机的期望转速与实际转速的差值自动地进行调整。它的工作原理：根据期望转速，设置输入量（控制量）。如果实际转速降低到期望转速值以下，则速度控制系统的离心力减小，

从而使控制阀上升，进入蒸汽机的蒸汽量增加，于是蒸汽机的转速随之增大，直至上升到期望转速值为止；反之，若蒸汽机的实际转速增加到超过期望转速值，速度控制系统的离心力便会增大，导致控制阀向下移动。这样就减少了进入蒸汽机的蒸汽量，蒸汽机的转速也就随之减小，直到下降至期望转速值为止。

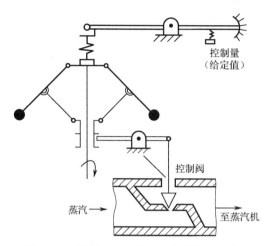

图 1-17　蒸汽机上速度控制系统的基本原理

4. 数控机床系统

数控机床系统原理方框图如图 1-18 所示，根据对工件的加工要求，事先编制出控制程序作为系统的输入量送入计算机。与工具架连接在一起的传感器先将刀具的位置信息变换为电压信号，再经过模数转换器变为数字信号，并作为反馈信号送入计算机。计算机将输入信号与反馈信号进行比较，得到偏差信号，随后经数模转换器将数字信号转变为模拟电压信号，经功率放大后驱动电动机，带动刀具按期望的规律运动。系统中的计算机还要完成指定的数学运算等，使系统有更高的工作质量。图 1-18 所示的测速电动机反馈支路是用来改善系统性能的。

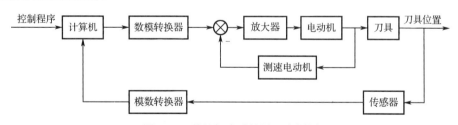

图 1-18　数控机床系统原理方框图

5. 复合控制系统

图 1-19 为火炮自动控制系统原理方框图。图 1-19 所示的系统在闭环控制回路的基础上，附加一个输入信号的顺向通路，顺向通路由输入信号的补偿装置组成，因此它是一个按输入信号补偿的复合控制系统。火炮对空射击时，要求炮身方位角 θ_c 与指挥仪给定的方位角 θ_r 一致。为了保证炮身能准确跟随高速飞行的目标，提高跟踪精度，从指挥仪引出方位角速度信号，该信号通过补偿装置形成开环控制信号。由于方位角速度信号总是超前于方位角信号，所以只要补偿装置选择合适，就能使炮身按照指挥仪的方位角信号及所要求

的角速度准确地跟踪目标。

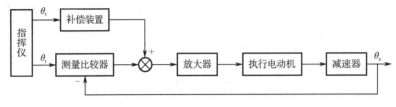

图 1-19　火炮自动控制系统原理方框图

■ 本章小结

1. 自动控制理论有以下三个发展阶段：经典控制理论、现代控制理论和智能控制理论。

2. 自动控制系统可以分为开环控制系统和闭环控制系统。开环控制系统结构简单、稳定性好，但不能自动补偿扰动对象对输出量的影响。闭环控制系统具有反馈环节，它能依靠反馈环节进行自动调节，以补偿扰动量对系统产生的影响。闭环控制系统极大地提高了系统的精度，但闭环控制系统会使系统稳定性变差。

3. 自动控制系统通常由给定元件、检测元件、比较环节、放大元件、执行元件、控制对象、反馈环节等几部分组成，它们之间的因果关系可以由方框图直观地表示。

4. 工程上衡量自动控制系统的性能的好坏主要看其稳定性、快速性和准确性，其中稳定性是先决条件。

■ 习题

1-1　简单叙述自动控制理论的发展史及内容。

1-2　比较开环控制系统和闭环控制系统的优点和缺点。

1-3　指出下列系统中哪些属于开环控制系统，哪些属于闭环控制系统。

（1）自动报时电子钟　　　（2）家用空调　　　　　（3）家用洗衣机

（4）普通车床　　　　　　（5）多速电风扇　　　　（6）家用电冰箱

1-4　自动控制系统通常由哪些环节组成？各个环节的作用分别是什么？

1-5　试阐述对自动控制系统的基本要求。

1-6　恒值控制系统和随动控制系统的主要区别是什么？判断下列系统分别属于哪一类系统：电饭煲、空调、燃气热水器、自动跟踪雷达、家用交流稳压器。

1-7　一个水池水位自动控制系统原理图如图 1-20 所示。试简述该系统的工作原理，指出主要变量和各环节的构成，并画出系统的方框图。

1-8　图 1-21 所示为仓库大门控制系统原理图，试说明大门开启和关闭的工作原理。当大门不能全开或全关时，应该如何调整？

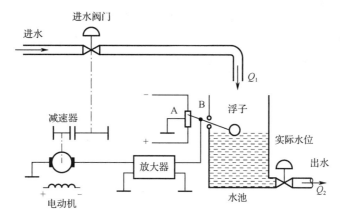

图 1-20 水池水位自动控制系统原理图

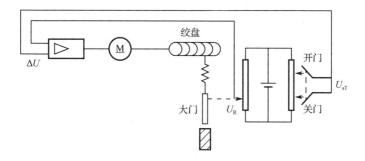

图 1-21 仓库大门控制系统原理图

第2章
控制系统的数学模型

分析和设计自动控制系统，就要运用自动控制理论所提供的原理和方法。首先根据自动控制理论把具体的自动控制系统抽象为数学模型，然后以数学模型为研究对象，根据自动控制理论所提供的方法分析系统的性能指标或对系统进行改造。因此，建立自动控制系统的数学模型是分析和研究自动控制系统的基础。

在经典控制理论中，常用的数学模型有微分方程、传递函数和系统方框图，它们反映了系统的输出量、输入量和内部各个变量间的关系，表征了系统的内部结构和内在特性。本章主要分析系统微分方程建立的方法、拉普拉斯变换（拉氏变换）、传递函数的定义与性质、系统方框图的建立，以及 MATLAB 在自动控制系统数学模型分析中的应用。

■ 2.1 微分方程

微分方程是在时域中描述系统动态特性的数学模型，列写系统的微分方程是建立数学模型的重要环节，研究控制系统时常用的传递函数、方框图等都是在微分方程的基础上衍生出来的。

列写系统微分方程的一般步骤如下：

（1）全面了解系统的工作原理、结构组成，确定其输入量和输出量。

（2）从系统的输入端开始，根据元件或环节所遵循的物理规律或化学规律，列写相应的微分方程。

（3）消去中间变量，得到只包含系统输出量与输入量的微分方程。

（4）一般情况下，应将微分方程写为标准形式，即把与输入量有关的各项放在方程的右边，把与输出量有关的各项放在方程的左边，各导数项均按降幂排列，并将方程的系数化为具有一定物理意义的表示形式，如时间常数等。

2.1.1 系统微分方程　　　2.1.2 系统微分方程举例

下面进一步举例说明建立系统微分方程的过程。

例 2.1　有源网络如图 2-1 所示，试列写其微分方程。

系统中：$u_r(t)$ 表示输入电压；$u_c(t)$ 表示输出电压。

解：理想运放有两个特点：

（1）根据"虚短"的特点得：$i_1 \approx i_2$。

（2）根据"虚断"的特点得：$u_c(0_-) \approx u_c(0_+) = 0$。

据此，可列出：

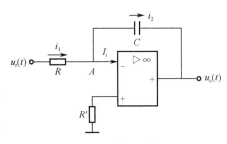

图 2-1　有源网络

$$\frac{u_r(t)}{R} = -C\frac{\mathrm{d}u_c(t)}{\mathrm{d}t}$$

即

$$RC\frac{\mathrm{d}u_c(t)}{\mathrm{d}t} = -u_r(t) \tag{2-1}$$

式（2-1）即为系统的微分方程，该数学模型为一阶常系数微分方程。

例 2.2　图 2-2 所示为由电阻 R、电感 L 和电容 C 组成的 RLC 无源网络电路，设输入量为 $u_r(t)$，输出量为 $u_c(t)$，试列写该网络的微分方程。

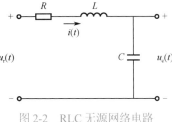

图 2-2　RLC 无源网络电路

解：这是一个电学系统，根据电路理论中的基尔霍夫定律和元件的电压、电流关系有

$$u_r(t) = Ri(t) + L\frac{\mathrm{d}i(t)}{\mathrm{d}t} + u_c(t) \tag{2-2}$$

$$i(t) = C\frac{\mathrm{d}u_c(t)}{\mathrm{d}t} \tag{2-3}$$

消去上述两式中的中间变量 $i(t)$，整理可得

$$LC\frac{\mathrm{d}^2 u_c(t)}{\mathrm{d}t^2} + RC\frac{\mathrm{d}u_c(t)}{\mathrm{d}t} + u_c(t) = u_r(t) \tag{2-4}$$

可见，该数学模型是二阶常系数线性微分方程，式（2-4）描述的环节称为二阶环节，主要由 RLC 无源网络中含有的两个储能元件所致。

例 2.3　弹簧 - 质量 - 阻尼器系统如图 2-3 所示，其中，K 为弹簧的弹性系数，c 为阻尼器的阻尼系数，m 为小车的质量。如果忽略小车与地面的摩擦，试列写以外力 $F(t)$ 为输入，以位移 $y(t)$ 为输出的系统微分方程。

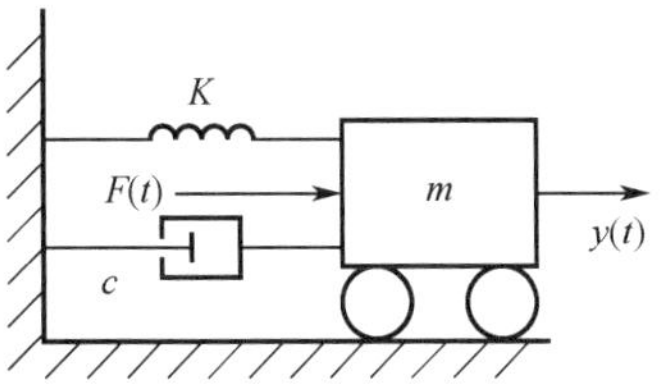

解：这是一个力学系统。首先对小车进行隔离体受力分析，如图 2-4 所示。

图 2-3　弹簧 - 质量 - 阻尼器系统

在水平方向上应用牛顿第二定律可写出：

$$F(t) - c\frac{\mathrm{d}y(t)}{\mathrm{d}t} - Ky(t) = m\frac{\mathrm{d}^2 y(t)}{\mathrm{d}t^2} \tag{2-5}$$

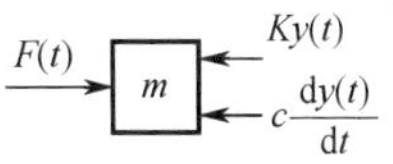

若令

图 2-4　小车受力分析图

$$T = \sqrt{\frac{m}{K}}, \quad \zeta = \frac{c}{2\sqrt{mK}} \tag{2-6}$$

则可将式（2-5）写成如下标准形式：

$$T^2\frac{\mathrm{d}^2 y(t)}{\mathrm{d}t^2} + 2\zeta T\frac{\mathrm{d}y(t)}{\mathrm{d}t} + y(t) = \frac{F(t)}{K} \tag{2-7}$$

例 2.4　已知一个他励直流电动机的电枢回路如图 2-5 所示，试列写其微分方程。

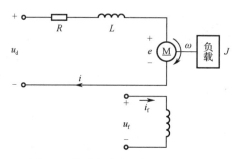

图 2-5　他励直流电动机的电枢回路

解：

（1）确定输入量、输出量。

输入量为电枢电压 $u_d(t)$，输出量为电动机转速 $\omega(t)$。

（2）列写原始方程。

电动机电枢回路的电压平衡方程为

$$iR + L\frac{di}{dt} + e = u_d \tag{2-8}$$

式中，L、R 分别为电枢回路的电感（单位为 H）和电阻（单位为 Ω）。

反电势 e 为

$$e = C_e\omega \tag{2-9}$$

式中，C_e 为电动机的电动势常数，单位为 V·s/rad（伏·秒/弧度）。

电动机的电磁转矩为

$$T_e = C_m i \tag{2-10}$$

式中，C_m 为电动机的转矩常数，单位为 N·m/A（牛[顿]·米/安[培]）。

电动机轴上的动力学方程在理想空载情况下，有

$$T_e = J\frac{d\omega}{dt} \tag{2-11}$$

式中，J 为转动部分折合到电动机轴上的总转动惯量。

（3）消去三个中间变量 e、i、T_e，得输入量 $u_d(t)$ 与输出量 $\omega(t)$ 之间的关系为

$$\frac{L}{R}\cdot\frac{JR}{C_e C_m}\cdot\frac{d^2\omega}{dt^2} + \frac{JR}{C_e C_m}\cdot\frac{d\omega}{dt} + \omega = \frac{u_d}{C_e} \tag{2-12}$$

若令

$$T_a = \frac{L}{R}$$

$$T_m = \frac{JR}{C_e C_m}$$

则上式可写成

$$T_a T_m \frac{d^2\omega}{dt^2} + T_m \frac{d\omega}{dt} + \omega = \frac{u_d}{C_e} \tag{2-13}$$

其中，T_a 和 T_m 的单位都是秒，分别称为电动机电枢回路的电磁时间常数和机电时间

常数。

由此可见，电枢电压控制的直流电动机的数学模型是一个二阶线性常系数微分方程。

$$\frac{\mathrm{d}^2\omega}{\mathrm{d}t^2} = \frac{\mathrm{d}\omega}{\mathrm{d}t} = 0 \tag{2-14}$$

因此

$$\frac{\omega(\infty)}{u_\mathrm{d}(\infty)} = \frac{1}{C_\mathrm{e}} \tag{2-15}$$

这就是电枢电压控制的直流电动机的静态数学模型，$1/C_\mathrm{e}$ 是输入量与输出量之间的稳态增益，也称放大系数。

建立控制系统的微分方程时，一般先由系统原理图画出系统方框图，并分别列写组成系统各部分的微分方程，然后消去中间变量，便得到描述系统输出量与输入量之间关系的微分方程。列写系统各部分的微分方程时，一要注意信号传递的单向性，即前一部分的输出是后一部分的输入，一级一级地单向传递；二要注意前后连接的两个部分中，后级对前级的负载效应。例如，无源网络输入阻抗对前级的影响，齿轮系对电动机转动惯量的影响等。

■ 2.2　拉氏变换

2.2.1　拉氏变换的概念

2.2.1 拉氏变换

拉普拉斯变换简称拉氏变换。

若先将时间域函数 $f(t)$ 乘以指数函数 e^{-st}（其中 $s=\sigma+\mathrm{j}\omega$，是一个复数），再在 $0 \sim \infty$（本书如无特指，∞ 均指 $+\infty$）之间对 t 进行积分，就得到一个新的复频域函数 $F(s)$。$F(s)$ 称为 $f(t)$ 的拉氏变换式，并可用符号 $L[f(t)]$ 表示。

$$F(s) = L[f(t)] = \int_0^\infty f(t)\mathrm{e}^{-st}\mathrm{d}t \tag{2-16}$$

式（2-16）称为拉氏变换的定义式，为了保证式中等号右边的积分存在（收敛），$f(t)$ 应满足下列条件：

（1）当 $t<0$ 时，$f(t)=0$；

（2）当 $t>0$ 时，$f(t)$ 分段连续；

（3）当 $t \to \infty$ 时，$f(t)$ 上升较 e^{-st} 慢。

由于 $\int_0^\infty f(t)\mathrm{e}^{-st}\mathrm{d}t$ 是一个定积分，t 将在新函数中消失，因此 $F(s)$ 只取决于 s，它是复变函数 s 的函数。拉氏变换将原来的实变量函数 $f(t)$ 转化为复变量函数 $F(s)$。

拉氏变换是一种单值变换。$f(t)$ 和 $F(s)$ 之间具有一一对应的关系。通常称 $f(t)$ 为原函数，$F(s)$ 为像函数。

实际上，原函数与像函数之间的对应关系可以列成对照表，实际使用时，可以查表。常用函数的拉氏变换对照表如表 2-1 所示。

表 2-1　常用函数的拉氏变换对照表

序号	$f(t)$	$F(s)$
1	$\delta(t)$	1
2	$l(t)$	$\dfrac{1}{s}$
3	t	$\dfrac{1}{s^2}$
4	e^{-at}	$\dfrac{1}{s+a}$
5	te^{-at}	$\dfrac{1}{(s+a)^2}$
6	$\sin\omega t$	$\dfrac{\omega}{s^2+\omega^2}$
7	$\cos\omega t$	$\dfrac{s}{s^2+\omega^2}$
8	$t^n\,(n=1,2,3,\cdots)$	$\dfrac{n!}{s^{n+1}}$
9	$t^n e^{-at}\,(n=1,2,3,\cdots)$	$\dfrac{n!}{(s+a)^{n+1}}$
10	$\dfrac{1}{(b-a)}(e^{-at}-e^{-bt})$	$\dfrac{1}{(s+a)(s+b)}$
11	$e^{-at}\sin\omega t$	$\dfrac{\omega}{(s+a)^2+\omega^2}$
12	$e^{-at}\cos\omega t$	$\dfrac{s+a}{(s+a)^2+\omega^2}$
13	$\dfrac{1}{a^2}(at-1+e^{-at})$	$\dfrac{1}{s^2(s+a)}$
14	$\dfrac{\omega_n}{\sqrt{1-\xi^2}}e^{-\xi\omega_n t}\sin(\omega_n\sqrt{1-\xi^2}\,t)$	$\dfrac{\omega_n^2}{s^2+2\xi\omega_n s+\omega_n^2}$

对于一些简单的原函数，可根据拉氏变换的定义式求像函数，但对于较复杂的原函数，可用下面几个定理求取像函数，这些运算定理都可以通过拉氏变换定义式加以证明，在此证明过程省略。

1. 线性定理

若 $L[f_1(t)]=F_1(s)$，$L[f_2(t)]=F_2(s)$，且 a、b 为常数，则

$$L[af_1(t)+bf_2(t)]=aF_1(s)+bF_2(s) \tag{2-17}$$

2. 微分定理

若 $L[f(t)]=F(s)$，则在零初始条件下有

$$L\left[\frac{\mathrm{d}^n f(t)}{\mathrm{d}t^n}\right]=s^n F(s) \tag{2-18}$$

3. 积分定理

若 $L[f(t)] = F(s)$，则在零初始条件下有

$$L\left[\int \cdots \int f(t)\mathrm{d}t^n\right] = \frac{1}{s^n}F(s) \tag{2-19}$$

4. 初值与终值定理

若 $L[f(t)] = F(s)$，且 $f(t)$ 的拉氏变换存在，则

$$f(0) = \lim_{t \to 0} f(t) = \lim_{s \to \infty} sF(s) \tag{2-20}$$

$$f(\infty) = \lim_{t \to \infty} f(t) = \lim_{s \to 0} sF(s) \tag{2-21}$$

2.2.2　拉氏反变换

由像函数 $F(s)$ 求取原函数 $f(t)$ 的运算称为拉氏反变换。拉氏反变换常用下式表示：

$$f(t) = L^{-1}[F(s)] \tag{2-22}$$

拉氏变换和拉氏反变换是一一对应的，所以，通常可以通过查表来求取原函数。但是有时直接查表解决不了问题，还需要用部分分式展开等方法，这里就不再详述。

■ 2.3　传递函数

求解微分方程，即可求出系统的输出响应，但若方程阶次较高，则计算很烦琐，不便进行系统的设计分析，而应用传递函数将实数中的微分运算变成复数中的代数运算，可使计算过程大大简化。因此，传递函数是经典控制理论中最基本也是最重要的数学模型。

2.3.1　传递函数的定义

传递函数定义为在零初始条件下，线性定常系统输出量拉氏变换与输入量拉氏变换之比。

2.3 传递函数

设线性定常系统的微分方程为

$$a_n \frac{\mathrm{d}^n c(t)}{\mathrm{d}t^n} + a_{n-1} \frac{\mathrm{d}^{n-1} c(t)}{\mathrm{d}t^{n-1}} + \cdots + a_1 \frac{\mathrm{d}c(t)}{\mathrm{d}t} + a_0 c(t)$$
$$= b_m \frac{\mathrm{d}^m r(t)}{\mathrm{d}t^m} + b_{m-1} \frac{\mathrm{d}^{m-1} r(t)}{\mathrm{d}t^{m-1}} + \cdots + b_1 \frac{\mathrm{d}r(t)}{\mathrm{d}t} + b_0 r(t) \tag{2-23}$$

式中，$c(t)$ 为输出量；$r(t)$ 为输入量；$a_n, a_{n-1}, \cdots, a_0$ 及 $b_m, b_{m-1}, \cdots, b_0$ 均为由系统结构和参数决定的常系数。

在零初始条件下对式（2-23）两端进行拉氏变换，可得相应的代数方程

$$(a_n s^n + a_{n-1} s^{n-1} + \cdots + a_1 s + a_0)C(s) = (b_m s^m + b_{m-1} s^{m-1} + \cdots + b_1 s + b_0)R(s) \tag{2-24}$$

系统的传递函数为

$$G(s) = \frac{C(s)}{R(s)} = \frac{b_m s^m + b_{m-1} s^{m-1} + \cdots + b_1 s + b_0}{a_n s^n + a_{n-1} s^{n-1} + \cdots + a_1 s + a_0} \tag{2-25}$$

$G(s)$ 反映了系统输出量与输入量之间的关系，描述了系统的特性，通常称为线性定常系统（环节）的传递函数。传递函数是在零初始条件下定义的。零初始条件有以下两方面的含义：

一是指输入作用是在 $t=0$ 后才作用于系统的，因此，系统输入量及其各阶导数在 $t \leqslant 0$ 时均为零；

二是指输入作用于系统之前，系统是相对静止的，即系统输出量及其各阶导数在 $t \leqslant 0$ 时也为零。

大多数实际工程系统都满足这样的条件。零初始条件的规定不仅能简化运算，还有利于在同等条件下比较系统性能。所以这样规定是必要的。

2.3.2　传递函数的性质

（1）传递函数的分母反映了由系统的结构与参数所决定的系统的固有特性，而分子则反映了系统与外界之间的联系。

（2）当系统初始状态为零时，对于给定的输入，系统输出的拉氏变换完全取决于其传递函数。一旦系统的初始状态不为零，传递函数就不能完全反映系统的动态历程。

（3）实际系统或元件总有惯性，传递函数分子中 s 的阶次不会大于分母中 s 的阶次，即 $n \geqslant m$。

（4）传递函数有无量纲以及选取何种量纲，取决于系统输出的量纲与输入的量纲。

（5）不同用途、不同物理性质的系统、环节或元件，具有相同形式的传递函数。传递函数的分析方法适用于不同的物理系统。

（6）传递函数用于对单输入、单输出线性定常系统的动态特性进行描述。但对于多输入、多输出系统，需要对不同的输入量和输出量分别求传递函数。

（7）传递函数的拉氏反变换即为系统的脉冲响应，因此传递函数能反映系统的运动特性。因为单位脉冲函数的拉氏变换等于 1，即 $R(s) = L[\delta(t)] = 1$，所以有

$$L^{-1}[G(s)] = L^{-1}\left[\frac{C(s)}{R(s)}\right] = L^{-1}[C(s)] = g(t) \tag{2-26}$$

可见，系统传递函数的拉氏反变换即为单位脉冲输入信号下系统的输出。单位脉冲输入信号下系统的输出完全描述了系统的动态特性，所以系统传递函数的拉氏反变换也是系统的数学模型。

在零初始条件下，线性定常系统在单位脉冲输入信号作用下的输出响应，称为该系统的脉冲响应函数，记为 $g(t)$。微分方程与传递函数之间存在简单的对应关系，得到了系统的微分方程则可以直接写出系统的传递函数，反之亦然。

应当注意传递函数的局限性及适用范围。系统传递函数只表示系统输入量和输出量之间的数学关系（描述系统的外部特性），而未表示系统中间变量之间的关系（描述系统的内部特性）。针对这个局限性，在现代控制理论中，往往采用状态空间描述法对系统的动态特性进行描述。传递函数是从拉氏变换导出的，拉氏变换是一种线性变换，因此传递函数只适用于描述线性定常系统。而且因为传递函数是在零初始条件下定义的，所以它不能反映非零初始条件下系统的自由响应规律。

2.3.3 传递函数的求取

例 2.5 试求例 2.2 中的 RLC 无源网络的传递函数。

解：由式（2-4）可知，RLC 无源网络的微分方程为

$$LC\frac{\mathrm{d}^2 u_c(t)}{\mathrm{d}t^2} + RC\frac{\mathrm{d}u_c(t)}{\mathrm{d}t} + u_c(t) = u_r(t)$$

在零初始条件下，对上式两端取拉氏变换：

$$LCs^2 U_c(s) + RCsU_c(s) + U_c(s) = U_r(s) \tag{2-27}$$

可得 RLC 无源网络的传递函数：

$$G(s) = \frac{U_c(s)}{U_r(s)} = \frac{1}{LCs^2 + RCs + 1} \tag{2-28}$$

例 2.6 一阶单容水箱液位控制系统如图 2-6 所示。输入量为电动调节阀产生的流入水箱中液体的流量 Q_1，输出量为水箱的液位 H，求系统的微分方程和传递函数。

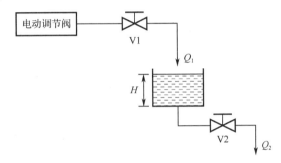

图 2-6 一阶单容水箱液位控制系统

解：根据流体连续性原理，对于水箱液位控制系统可以列出方程：

$$Q_1 - \frac{H}{R} = A\frac{\mathrm{d}H}{\mathrm{d}t} \quad （R \text{ 为阻力系数}，A \text{ 为水箱底面积}） \tag{2-29}$$

整理成系统微分方程：

$$RA\frac{\mathrm{d}H}{\mathrm{d}t} + H = RQ_1 \tag{2-30}$$

对上式两端取拉式变换得

$$RAsH(s) + H(s) = RQ_1(s) \tag{2-31}$$

得到传递函数为

$$G(s) = \frac{H(s)}{Q_1(s)} = \frac{R}{RAs + 1} \tag{2-32}$$

实际求元件传递函数时必须考虑负载效应，所求的传递函数应当反映元件正常带负载时的工作特性。例如，电动机空载时的特性不能反映其带负载运行时的特性。

■ 2.4 典型环节的传递函数

自动控制系统是由各种元件相互连接组成的，元件一般是机械、电子、液压、光学或其他类型的装置。为建立控制系统的数学模型，必须首先了解各种元件的数学模型及其特性。

2.4 典型环节的传递函数

2.4.1 比例环节

1. 数学表达式

比例环节又称放大环节，它的输入量与输出量之间在任何时候都存在一个固定的比例关系，其数学方程式为

$$c(t)=Kr(t) \tag{2-33}$$

式中，$c(t)$ 为输出量；$r(t)$ 为输入量；K 为比例系数。

2. 传递函数

$$G(s)=\frac{C(s)}{R(s)}=K \tag{2-34}$$

3. 实例

图 2-7 所示的比例运算放大电路中的输出量 $y(t)$ 与输入量 $x(t)$ 的关系为

$$y(t)=Kx(t)$$

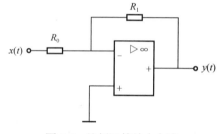

图 2-7 比例运算放大电路

式中，$K=-\dfrac{R_1}{R_0}$，为比例运算放大电路的放大倍数。

在实际生活中，直流测速发电机的电压与转速的关系是比例关系，控制系统中常用的减速器、无惯性放大器、分压器等都可认为是比例环节。

2.4.2 积分环节

1. 数学表达式

输出量与输入量对时间的积分成正比的环节称为积分环节，其数学表达式为

$$c(t)=K\int r(t)\mathrm{d}t \qquad (t\geq 0) \tag{2-35}$$

式中，$c(t)$ 为输出量；$r(t)$ 为输入量；K 为比例系数。

2. 传递函数

$$G(s)=\frac{C(s)}{R(s)}=\frac{K}{s} \tag{2-36}$$

3. 实例

由运算放大器组成的积分运算放大电路如图 2-8 所示。

根据运算放大器的特点可知：

$$y(t)=-\frac{1}{RC}\int x(t)\mathrm{d}t$$

令 $K = -\dfrac{1}{RC}$ ，得到传递函数：

$$G(s) = \frac{Y(s)}{X(s)} = \frac{K}{s}$$

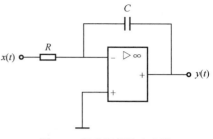

2.4.3　微分环节

1. 数学表达式

图 2-8　积分运算放大电路

输出量与输入量的导数成正比的环节称为微分环节，其数学表达式为

$$c(t) = K\frac{\mathrm{d}r(t)}{\mathrm{d}t} \qquad (t \geqslant 0) \tag{2-37}$$

式中，$c(t)$ 为输出量；$r(t)$ 为输入量；K 为比例系数。

2. 传递函数

$$G(s) = \frac{C(s)}{R(s)} = Ks \qquad (t \geqslant 0) \tag{2-38}$$

3. 实例

测速发电机以转角为输入量、电枢电压为输出量时，它是一个纯微分环节。但对实际元件或实际系统，由于惯性的存在，难以实现理想的纯微分关系。例如，图 2-9（a）所示 RC 电路的传递函数为

$$G(s) = \frac{Y(s)}{X(s)} = K\frac{(Ts+1)}{KTs+1} \tag{2-39}$$

式中，$T = RC$，为 RC 电路的时间常数；$K = \dfrac{R_2}{R_1 + R_2}$ ，为比例系数。当 K 足够小时，

$KTs+1 \to 1$，则式（2-39）可近似为一阶微分环节，即 $G(s) = \dfrac{Y(s)}{X(s)} = K(Ts+1)$ 。

又如，图 2-9（b）所示 RC 电路的传递函数为

$$G(s) = \frac{Y(s)}{X(s)} = \frac{Ts}{Ts+1} \tag{2-40}$$

式中，$T = RC$，为 RC 电路时间常数。当 T 足够小时，式（2-40）可近似为纯微分环节 $G(s) = \dfrac{Y(s)}{X(s)} = Ts$ 。

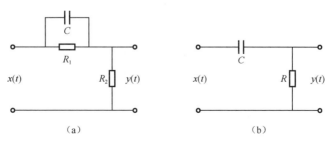

（a）　　　　　　　　　　　　　　（b）

图 2-9　RC 电路

2.4.4 惯性环节

1. 数学表达式

含有一个储能元件和一个耗能元件的环节，其输出量与输入量的微分方程为

$$T\frac{\mathrm{d}c(t)}{\mathrm{d}t} + c(t) = Kr(t) \tag{2-41}$$

式中，T 为惯性环节的时间常数；K 为惯性环节的比例系数（放大系数）。

2. 传递函数

对式（2-41）在零初始条件下进行拉氏变换，得惯性环节传递函数为

$$G(s) = \frac{C(s)}{R(s)} = \frac{K}{Ts+1} \tag{2-42}$$

3. 实例

在实际系统中，惯性环节是经常用到的。图 2-10 所示的 RC 电路，就是惯性环节的实例。

设回路电流为 i，则

$$x(t) = iR + y(t)$$

又电容电压

$$u_\mathrm{c} = y(t)$$

得

$$i = C\frac{\mathrm{d}y(t)}{\mathrm{d}t}$$

故

$$x(t) = RC\frac{\mathrm{d}y(t)}{\mathrm{d}t} + y(t)$$

令 $T = RC$，则上式可表示为

$$T\frac{\mathrm{d}y(t)}{\mathrm{d}t} + y(t) = x(t)$$

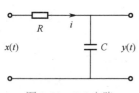

图 2-10　RC 电路

由此可见，图 2-10 所示的 RC 电路为惯性环节。

2.5　系统方框图及其等效变换

2.5.1　方框图

前面介绍的微分方程、传递函数等数学模型，都是用纯数学表达式描述系统特性的，不能反映系统中各元件对整个系统性能的影响，而系统原理图、职能方框图虽然反映了系统的物理结构，但缺少系统中各变量间的定量关系。本节介绍的方框图也可称为结构图，既能描述系统中各变量间的定量关系，又能明显地表示系统各元件对系统性能的影响。

2.5.1 系统方框图及其基本变换

2.5.2 方框图的等效变换

　　系统的方框图是描述系统各组成元件之间信号传递关系的数学图形。在系统原理方框图中将方框对应的元件名称换成其相应的传递函数，并将环节的输入量、输出量改用拉氏变换表示后，就转换成相应的系统方框图。

　　方框图不仅能清楚地表明系统的组成和信号的传递方向，还能清楚地表示系统信号传递过程中的数学关系，它是一种图形化的数学模型，在控制理论中应用很广。

　　方框图包含以下 4 个基本单元。

　　信号线：带有箭头的直线，箭头表示信号传递方向，直线上面或旁边标注所传递信号的像函数，如图 2-11（a）所示。

　　引出点（测量点）：引出的信号或测量信号的位置。从同一信号线上引出的信号在数值和性质上完全相同，如图 2-11（b）所示。这里引出的信号与测量信号一样，不影响原信号。

　　比较点：对两个或两个以上的信号进行代数运算，如图 2-11（c）所示，"+"表示相加，"-"表示相减，"+"可以省略不写。

　　方框：表示对输入信号进行的数学变换。对于线性定常系统或元件，通常在方框中写入其传递函数或频率特性。系统输出的像函数等于输入的像函数乘以方框中的传递函数或频率特性，如图 2-11（d）所示。

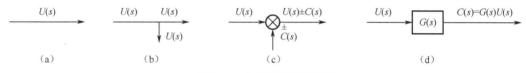

图 2-11　方框图的图形符号

建立系统方框图的步骤如下：

（1）建立系统（或元件）的原始微分方程；

（2）对这些原始微分方程在初始状态为零的条件下进行拉氏变换，并根据各个变换式的因果关系分别绘出相应的方框；

（3）按照信号在系统中传递、变换的过程（流向），依次将各传递函数方框连接起来（同一变量的信号通路连接在一起），系统输入量置于左端，输出量置于右端。

例 2.7　试绘制图 2-12 所示的两级 RC 滤波电路的方框图。

解：（1）根据信号传递过程，系统有 4 个元件。

（2）确定各环节的输入量与输出量，并求出各环节的传递函数。

R_1：输入量为（u_i-u_1），输出量为 i_1，传递函数为

$$\frac{I_1(s)}{U_i(s)-U_1(s)}=\frac{1}{R_1}$$

C_1：输入量为（i_1-i_2），输出量为 u_1，传递函数为

$$\frac{U_1(s)}{I_1(s)-I_2(s)}=\frac{1}{C_1 s}$$

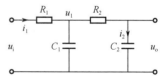

图 2-12　两级 RC 滤波电路

R_2：输入量为（u_1-u_o），输出量为 i_2，传递函数为

$$\frac{I_2(s)}{U_1(s)-U_o(s)}=\frac{1}{R_2}$$

C_2：输入量为 i_2，输出量为 u_o，传递函数为

$$\frac{U_o(s)}{I_2(s)} = \frac{1}{C_2 s}$$

（3）绘出各环节的方框图，如图 2-13 所示。

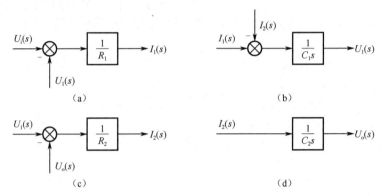

图 2-13　两级 RC 滤波电路各环节的方框图

（4）将各环节相同变量的信号线连接起来，得到系统的方框图，如图 2-14 所示。

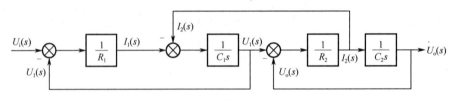

图 2-14　系统的方框图

2.5.2　方框图的等效变换

方框图的变换与简化是控制理论中的基本问题。简化方框图是指将方框图变换为只有一个方框，从而得到系统的总传递函数。

方框图是从具体系统中抽象出来的数学结构图形，当只讨论系统的输入、输出特性，而不考虑它的具体结构时，完全可以对其进行必要的变换，当然，这种变换必须是等效的，应使变换前后输入量与输出量之间的传递函数保持不变。

下面依据等效原理推导方框图变换的一般规则。

1. 串联环节的等效变换

图 2-15（a）表示两个环节串联的系统。

由图 2-15（a）可写出

$$C(s) = G_2(s)U(s) = G_2(s)G_1(s)R(s)$$

所以两个环节串联后的等效传递函数为

$$G(s) = \frac{C(s)}{R(s)} = G_2(s)G_1(s) \qquad\qquad (2\text{-}43)$$

其等效方框图如图 2-15（b）所示。

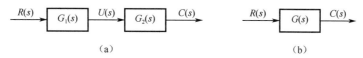

图 2-15 两个环节串联的等效变换

上述结论可以推广到任意个环节串联的情况，即各个环节串联后的总传递函数等于各个串联环节传递函数的乘积。

2. 并联环节的等效变换

图 2-16（a）表示两个环节并联的系统，由图可写出

$$C(s) = G_1(s)R(s) \pm G_2(s)R(s) = [G_1(s) \pm G_2(s)]R(s)$$

所以两个环节并联后的等效传递函数为

$$G(s) = G_1(s) \pm G_2(s) \tag{2-44}$$

其等效方框图如图 2-16（b）所示。

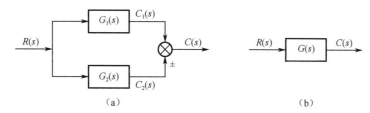

图 2-16 两个环节并联的等效变换

上述结论可以推广到任意个环节并联的情况，即各个环节并联后的总传递函数等于各个并联环节传递函数的代数和。

3. 反馈环节的等效变换

图 2-17（a）所示为反馈环节的一般形式，由图可写出

$$C(s) = G(s)E(s) = G(s)[R(s) \pm B(s)] = G(s)[R(s) \pm H(s)C(s)]$$

可得

$$C(s) = \frac{G(s)}{1 \mp G(s)H(s)} R(s)$$

所以反馈环节的等效（闭环）传递函数为

$$\Phi(s) = \frac{G(s)}{1 \mp G(s)H(s)} \tag{2-45}$$

其等效方框图如图 2-17（b）所示。

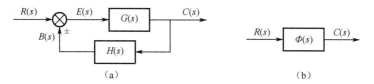

图 2-17 反馈环节的等效变换

当反馈通道传递函数 $H(s) = 1$ 时，称相应系统为单位反馈系统，此时闭环传递函数为

$$\Phi(s) = \frac{G(s)}{1 \mp G(s)} \tag{2-46}$$

4. 比较点和引出点的移动

在方框图简化过程中，当系统中出现信号交叉时，需要移动比较点或引出点的位置，这时应注意保持移动前后信号传递的等效性。表 2-2 汇集了方框图等效变换的基本规则，可供查阅。

表 2-2　方框图等效变换的基本规则

变换方式	原方框图	等效方框图	等效运算关系
串联	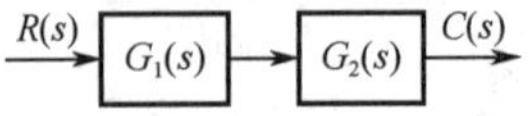	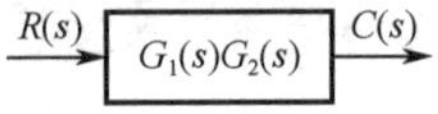	$C(s) = G_1(s)G_2(s)R(s)$
并联	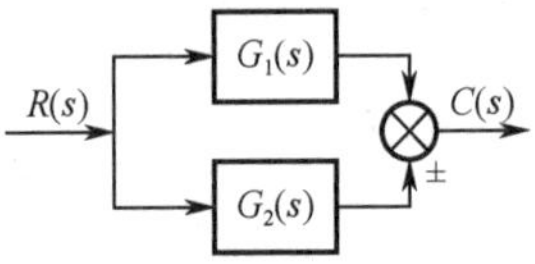	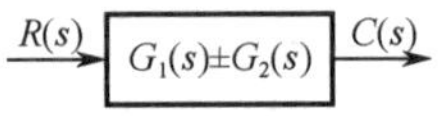	$C(s) = [G_1(s) \pm G_2(s)]R(s)$
反馈	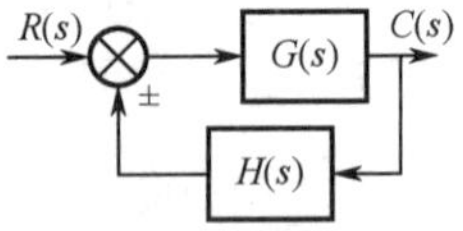	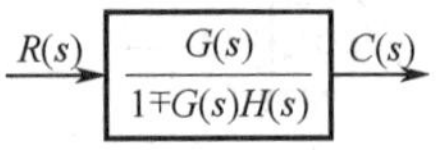	$C(s) = \dfrac{G(s)R(s)}{1 \mp G(s)H(s)}$
比较点前移	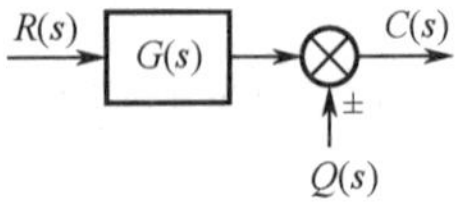	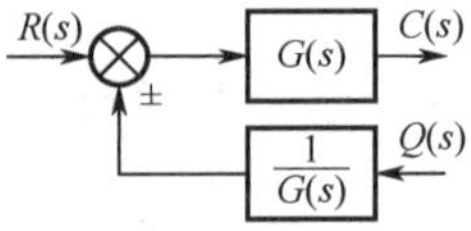	$C(s) = R(s)G(s) \pm Q(s)$ $= \left[R(s) \pm \dfrac{Q(s)}{G(s)}\right]G(s)$
比较点后移	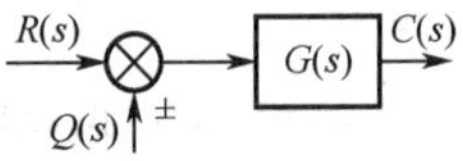	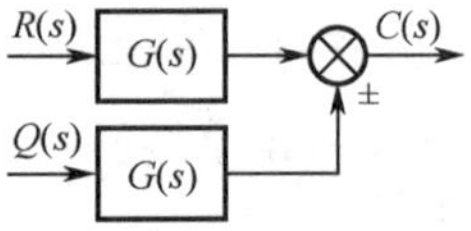	$C(s) = [R(s) \pm Q(s)]G(s)$ $= R(s)G(s) \pm Q(s)G(s)$
引出点前移	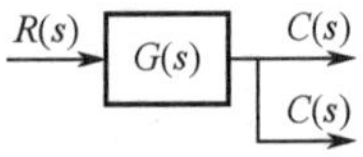	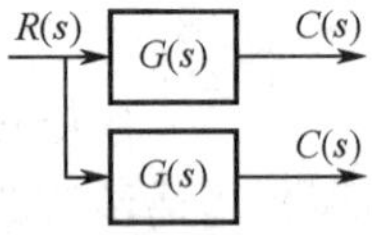	$C(s) = G(s)R(s)$
引出点后移	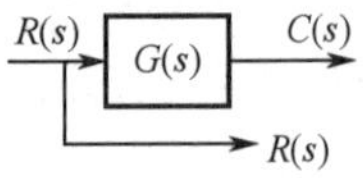	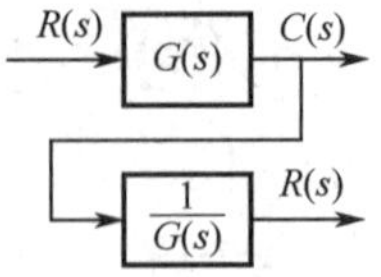	$R(s) = R(s)G(s)\dfrac{1}{G(s)}$ $C(s) = G(s)R(s)$
比较点与引出点之间的移动	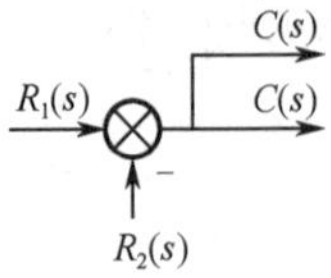	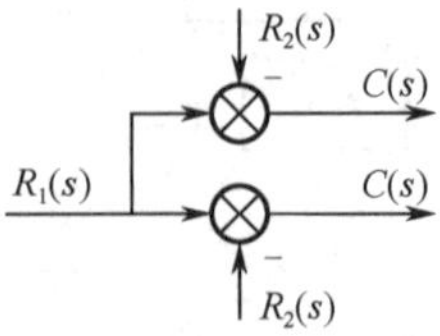	$C(s) = R_1(s) - R_2(s)$

例 2.8　试简化例 2.7 中 RC 电路的方框图，并求出传递函数。

解：这是一个交错反馈的多回路系统，不能直接简化，必须先进行比较点和引出点的移动，变成典型连接形式，再简化，求出传递函数。具体做法如下。

（1）将 $1/R_2$ 与 $1/C_2s$ 之间的引出点向后移到方框 $1/C_2s$ 的输出端，如图 2-18（a）所示，然后简化由 $1/R_2$、$1/C_2s$ 串联后组成的单位反馈回路，如图 2-18（b）所示，其等效传递函数为

$$G_2(s) = \frac{1}{R_2C_2s+1}$$

（2）将 $1/R_1$ 与 $1/C_1s$ 之间的比较点向前移到方框 $1/R_1$ 的输入端，如图 2-18（c）所示，然后简化由 $1/R_1$、$1/C_1s$ 串联后组成的单位反馈回路，如图 2-18（d）所示，其等效传递函数为

$$G_1(s) = \frac{1}{R_1C_1s+1}$$

（3）简化由 $G_1(s)$ 和 $G_2(s)$ 串联后与 R_1、C_2s 组成的反馈回路，如图 2-18（e）所示，其等效传递函数为

$$G(s) = \frac{U_o(s)}{U_i(s)} = \frac{1}{R_1R_2C_1C_2s^2 + (R_1C_1+R_2C_2+R_1C_2)s+1}$$

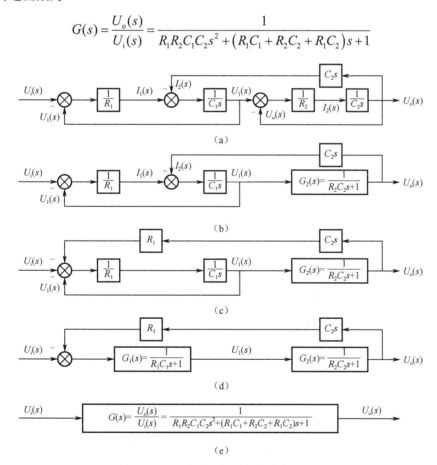

图 2-18 RC 电路方框图的等效变换过程

例 2.9 简化图 2-19（a）所示系统的方框图。

解：简化步骤如下。

（1）合并图 2-19（a）中的串联和并联方框，变换为图 2-19（b）；

（2）消除图 2-19（b）中的内部反馈回路，变换为图 2-19（c）；

（3）合并图 2-19（c）中的前向通道中的串联方框，变换为图 2-19（d）；

（4）消除图 2-19（d）中的反馈回路，从而使整个方框图变为一个方框，如图 2-19（e）所示。

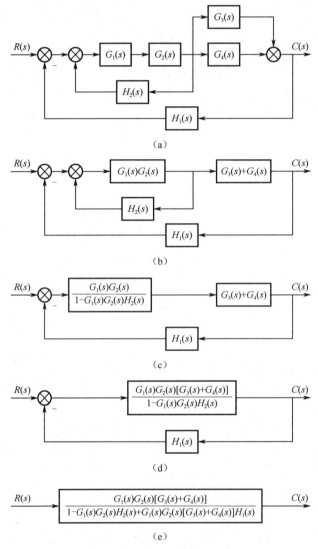

图 2-19　系统方框图简化过程

所以，系统的传递函数为

$$\Phi(s) = \frac{C(s)}{R(s)} = \frac{G_1(s)G_2(s)[G_3(s) + G_4(s)]}{1 - G_1(s)G_2(s)H_2(s) + G_1(s)G_2(s)[G_3(s) + G_4(s)]H_1(s)}$$

简化方框图：首先合并串联和并联方框、消除反馈回路，然后移动引出点和比较点，出现新的串联和并联方框、反馈回路，再合并串联和并联方框、消除反馈回路，不断重复上述步骤，最后简化为只有一个方框。

方框图是线性代数方程组的图形表示，所以，简化方框图的本质是求解线性代数方程组。最直接的方法是根据方框图写出线性代数方程组，再用代数方法消去中间变量。这种方法对简化环节少、信号传递复杂的方框图是很有效的。

■ 2.6 反馈控制系统的传递函数

2.6 反馈控制系统的传递函数

前文所述的传递函数都是在输入信号作用下讨论的。实际的控制系统不仅会受到输入信号的作用，还会受到干扰信号的作用。图 2-20 所示为具有扰动作用的闭环系统方框图，图中 $R(s)$ 表示输入信号，$N(s)$ 表示干扰信号，$C(s)$ 表示系统的输出，$E(s)$ 表示偏差信号。若将 $R(s)$ 和 $N(s)$ 看作系统的外作用，$C(s)$ 和 $E(s)$ 看作系统的输出，则图 2-20 所示的闭环系统就成为一个双输入、双输出系统。当两个输入量同时作用于线性系统时，可以分别考虑各外作用的影响，然后应用叠加原理，即可得到闭环系统的总输出响应。

从输入端沿信号传递方向到输出端的通道称为前向通道，前向通道传递函数为 $G_1(s)G_2(s)$。从输出端沿信号传递方向到输入端的通道称为反馈通道，反馈通道传递函数为 $H(s)$。

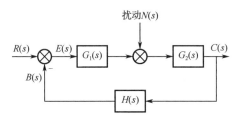

图 2-20 具有扰动作用的闭环系统方框图

2.6.1 系统的开环传递函数

在图 2-20 中，为方便分析系统，常常在 $H(s)$ 的输出端，即在反馈点处，人为地断开系统的主反馈通道。将前向通道传递函数与反馈通道传递函数的乘积称为系统的开环传递函数，用 $G(s)H(s)$ 表示。它等于系统的反馈信号 $B(s)$ 与偏差信号 $E(s)$ 之比，即

$$G(s)H(s) = \frac{B(s)}{E(s)} = G_1(s)G_2(s)H(s) \qquad (2\text{-}47)$$

需要指出的是，这里的开环传递函数是针对闭环系统而言的，而不是指开环系统的传递函数。

2.6.2 系统的闭环传递函数

1. 给定输入作用下的闭环传递函数

当研究系统控制输入的作用时，可令 $N(s)=0$，将图 2-20 简化为图 2-21。

可求出系统输出 $C(s)$ 对输入 $R(s)$ 的闭环传递函数 $\varPhi(s)$：

$$\varPhi(s) = \frac{C(s)}{R(s)} = \frac{G_1(s)G_2(s)}{1+G_1(s)G_2(s)H(s)} \qquad (2\text{-}48)$$

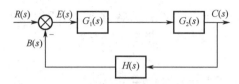

图 2-21 $R(s)$ 作用下的系统动态方框图

可见，系统在没有扰动作用时的闭环传递函数的分子是前向通道传递函数，分母是开环传递函数与 1 之和。

2. 扰动作用下的闭环传递函数

当研究干扰信号对系统的影响时，可令 $R(s) = 0$，图 2-20 简化为图 2-22。

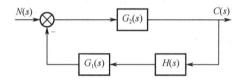

图 2-22 $N(s)$ 作用下的系统动态方框图

可求得系统输出对扰动作用的传递函数：

$$\Phi_n(s) = \frac{C(s)}{N(s)} = \frac{G_2(s)}{1 + G_1(s)G_2(s)H(s)} \qquad (2\text{-}49)$$

可见，系统在扰动作用下的闭环传递函数的分子是从扰动作用点到输出端之间的传递函数，分母仍然是开环传递函数与 1 之和。从式（2-49）可见，扰动作用点不同，对系统的影响也不同。

3. 输入和扰动同时作用下系统的总输出

根据线性系统的叠加原理，系统在多个输入作用下，其总输出等于各输入单独作用所引起的输出分量的代数和，利用式（2-48）和式（2-49）可求得系统的总输出为

$$C(s) = \frac{G_1(s)G_2(s)R(s)}{1 + G_1(s)G_2(s)H(s)} + \frac{G_2(s)N(s)}{1 + G_1(s)G_2(s)H(s)} \qquad (2\text{-}50)$$

■ 2.7   MATLAB 在控制系统中的应用

MATLAB 是目前国际控制界广泛使用的工具软件，有与几乎所有的控制理论和应用分支相关的工具箱。本节结合前面所学的自动控制理论的基本内容，介绍如何利用 MATLAB 来建立传递函数模型和系统连接。

2.7.1 MATLAB 软件介绍

2.7.1   用 MATLAB 建立传递函数模型

1. 传递函数的有理分式模型

线性系统的传递函数的有理分式模型可表示为

$$G(s) = \frac{b_m s^m + b_{m-1} s^{m-1} + \cdots + b_1 s + b_0}{a_n s^n + a_{n-1} s^{n-1} + \cdots + a_1 s + a_0} \qquad (n \geq m) \qquad (2\text{-}51)$$

2.7.2 用 MATLAB 建立传递函数模型

将系统的分子和分母多项式的系数按降幂排列，以向量的形式赋给两个变量 num 和 den，就可以轻易地将传递函数模型输入工作空间。命令格式如下：

$$num=[b_m,b_{m-1},\cdots,b_1,b_0];$$
$$den=[a_n,a_{n-1},\cdots,a_1,a_0];$$

在控制系统工具箱中，定义了 tf() 函数，它可利用由传递函数分子、分母给出的变量构造出单个传递函数对象，从而使系统模型的输入和处理更加方便。

该函数的调用格式为

$$sys=tf(num,den);$$

例 2.10　一个简单的传递函数模型如下：

$$G(s) = \frac{s+5}{s^4 + 2s^3 + 3s^2 + 4s + 5}$$

该传递函数模型可以通过下面的程序输入工作空间。

```
>>   num=[1,5];
     den=[1,2,3,4,5];
     sys=tf(num,den)
```

运行结果：

```
Transfer function:
            s + 5
-----------------------------
s^4 + 2s^3 + 3s^2 + 4s + 5
```

这时对象 G 可以用来描述给定的传递函数模型，作为其他函数调用的变量。

例 2.11　一个稍微复杂的传递函数模型如下：

$$G(s) = \frac{6(s+5)}{(s^2 + 3s + 1)^2 (s+6)}$$

该传递函数模型可以通过下面的程序输入工作空间。

```
>>num=6*[1,5];
  den=conv(conv([1,3,1],[1,3,1]),[1,6]);
  sys=tf(num,den)
```

运行结果：

```
Transfer function:
              6 s + 30
-------------------------------------------
s^5 + 12 s^4 + 47 s^3 + 72 s^2 + 37 s + 6
```

其中 conv() 函数（标准函数）用来计算两个向量的卷积，多项式乘法当然也可以用这个函数来计算。该函数允许多层嵌套，从而表示复杂的计算。

2. 零极点模型

线性系统的传递函数还可以写成零极点的形式：

$$G(s) = \frac{b_m(s-z_1)(s-z_2)\cdots(s-z_m)}{a_n(s-p_1)(s-p_2)\cdots(s-p_n)} = K\frac{\prod_{i=1}^{m}(s-z_i)}{\prod_{j=1}^{n}(s-p_j)} \qquad (2\text{-}52)$$

式中，$K = \dfrac{b_m}{a_n}$，为传递函数用零极点形式表示时的传递系数；

$s=z_i$($i=1,2,\cdots,m$)，称为传递函数的零点，即传递函数分子多项式的根；

$s=p_j$($j=1,2,\cdots,n$)，称为传递函数的极点，即传递函数分母多项式的根。

将系统传递系数、零点和极点以向量的形式输入给 3 个变量 K、Z 和 P，就可以将系统的零极点模型输入工作空间，命令格式如下：

$$K=K$$
$$Z=[z_1,z_2,\cdots,z_m];$$
$$P=[p_1,p_2,\cdots,p_n];$$

在控制系统工具箱中，定义了 zpk() 函数，由它可通过以上 3 个变量构造出零极点对象，用于简单地表达零极点模型。该函数的调用格式如下：

$$G=zpk(Z,P,K)$$

例 2.12　某系统的零极点模型如下：

$$G(s) = \frac{6(s+1)}{(s+2)(s+1\pm 2\text{j})}$$

该模型可以由下面的程序输入工作空间。

```
>>  K=6;
    Z=[-1];
    P=[-2, -1+2j, -1-2j];
    G=zpk(Z, P, K)
```

运行结果：

```
Zero/pole/gain:
    6 (s+1)
——————————————————
(s+2) (s^2 + 2s + 5)
```

注意：对于单变量系统，其零极点均是用列向量来表示的，故 Z、P 向量中各项均用逗号（,）隔开。

3. 有理分式模型与零极点模型的转换

有了传递函数的有理分式模型之后，求取零极点模型就不是一件困难的事情了。在控制系统工具箱中，可以由 zpk() 函数立即将给定的 LTI 对象 G 转换成等效的零极点对象 G1。该函数的调用格式如下：

$$sys1=zpk(sys)$$

例 2.13　给定系统传递函数如下：

$$G(s) = \frac{6.8s^2 + 61.2s + 95.2}{s^4 + 7.5s^3 + 22s^2 + 19.5s}$$

对应的零极点模型可由下面的程序得出：

```
>>   num=[6.8,61.2,95.2];
     den=[1,7.5,22,19.5,0];
     sys=tf(num,den);
     sys1=zpk(sys)
```

运行结果：

```
Zero/pole/gain:
        6.8 (s+7) (s+2)
    ——————————————————————
    s (s+1.5) (s^2 + 6s + 13)
```

可见，在系统的零极点模型中若出现复数值，则在显示时将以二阶因子的形式表示相应的共轭复数对。

同样，对于给定的零极点模型，也可直接由语句立即得出等效传递函数的有理分式模型。调用格式如下：

$$sys1=tf(sys)$$

例 2.14　给定零极点模型：

$$G(s) = 6.8 \frac{(s+2)(s+7)}{s(s+3 \pm 2j)(s+1.5)}$$

可以用下面的程序立即得出其等效的传递函数模型。输入程序的过程中要注意字母的大小写。

```
>>   z=[-2, -7];
     p=[0, -3-2j, -3+2j, -1.5];
     k=6.8;
     sys=zpk(z,p,k);
     sys1=tf(sys)
```

结果显示：

```
Transfer function:
    6.8 s^2 + 61.2 s + 95.2
    ——————————————————————————
    s^4 + 7.5 s^3 + 22 s^2 + 19.5 s
```

2.7.2　用 MATLAB 建立系统连接

一个控制系统通常由多个子系统相互连接而成，而最基本的 3 种连接方式为串联、并联和反馈连接。

2.7.3 用 MATLAB 建立系统连接

两个子系统的串联连接，调用函数的命令格式如下：

$$sys=series(sys1,sys2)$$

对于 SISO 系统，series 命令相当于符号"*"。对于由 $G_1(s)$ 和 $G_2(s)$ 串联组成的系统开环传递函数，可描述为 G=series(G1,G2)。

两个子系统的并联连接，调用函数的命令格式如下：

sys=parallel(sys1,sys2)

对于 SISO 系统，parallel 命令相当于符号"+"。对于 $G_1(s)$ 和 $G_2(s)$ 并联组成的系统传递函数，可描述为 G=parallel(G1,G2)。

两个子系统的反馈连接，调用函数的命令格式如下：

sys=feedback(sys1,sys2,sign)

其中，sign 用于说明反馈性质（正、负）。当 sign 省略时，为负，即 sign=-1。如果是单位负反馈系统，系统的闭环传递函数可描述为 sys=feedback(G,1,-1)。其中 G 表示开环

图 2-23　反馈系统方框图

传递函数，"1"表示是单位反馈，"-1"表示是负反馈，可省略。

例 2.15　若图 2-23 中的两个传递函数分别为

$$G_1(s) = \frac{1}{s^2 + 2s + 1}, \qquad G_2(s) = \frac{1}{s+1}$$

则反馈系统的传递函数可由下列程序得出：

```
>> G1=tf(1,[1,2,1]);
   G2=tf(1,[1,1]);
   G=feedback(G1,G2)
```

运行结果：

Transfer function :

           s + 1
————————————————————————
s^3 + 3 s^2 + 3 s + 2

若采用正反馈连接结构输入程序：

```
>> G=feedback(G1,G2,1)
```

则得出如下结果：

Transfer function:

           s + 1
————————————————————————
s^3 + 3 s^2 + 3 s

若 $G_1(s)$ 和 $G_2(s)$ 两个传递函数为串联连接结构，则将反馈系统传递函数命令中的 feedback 改成 series 即可。

若 $G_1(s)$ 和 $G_2(s)$ 两个传递函数为并联连接结构，则将反馈系统传递函数命令中的 feedback 改成 parallel 即可。

例 2.16　若反馈系统为更复杂的结构，如图 2-24 所示。其中

$$G_1(s) = \frac{s^3 + 7s^2 + 24s + 24}{s^4 + 10s^3 + 35s^2 + 50s + 24}, \quad G_2(s) = \frac{10s+5}{s}, \quad H(s) = \frac{1}{0.01s+1}$$

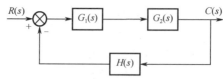

图 2-24　复杂反馈系统方框图

则闭环系统的传递函数可以由下面的程序得出：

```
>>  G1=tf([1,7,24,24],[1,10,35,50,24]);
    G2=tf([10,5],[1,0]);
    H=tf([1],[0.01,1]);
    Ga=feedback(G1*G2,H)
```

运行结果：

```
Transfer function:
    0.1 s^5 + 10.75 s^4 + 77.75 s^3 + 278.6 s^2 + 361.2 s + 120
 ─────────────────────────────────────────────────────────────────────
 0.01 s^6 + 1.1 s^5 + 20.35 s^4 + 110.5 s^3 + 325.2 s^2 + 384 s + 120
```

例 2.17　已知多路反馈系统的方框图如图 2-25 所示，求闭环传递函数 $\dfrac{C(s)}{R(s)}$。其中，

$G_1(s) = \dfrac{1}{s+10}$，$G_2(s) = \dfrac{1}{s+1}$，$G_3(s) = \dfrac{s^2+1}{s^2+4s+4}$，$G_4(s) = \dfrac{s+1}{s+6}$，$H_1(s) = \dfrac{s+1}{s+2}$，$H_2(s) = 2$，

$H_3(s) = 1$。

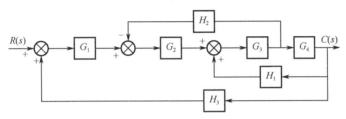

图 2-25　多路反馈系统的方框图

解：

程序如下：

```
>>G1=tf([1],[1,10]);
  G2=tf([1],[1,1]);
  G3=tf([1,0,1],[1,4,4]);
  numg4=[1,1];
  deng4=[1,6];
  G4=tf(numg4,deng4);
  H1=zpk([-1],[-2],1);
  numh2=[2];denh2=[1];H3=1;          % 建立系统模型
  nh2=conv(numh2,deng4);             % conv 为两个多项式相乘的函数命令
  H2=tf(nh2,denh2);                  % 先将 H2 移至 G4 之后
  sys1=series(G3,G4);
  sys2=feedback(sys1,H1,+1);         % 计算由 G3、G4 和 H1 回路组成的子系统模型
  sys3=series(G2,sys2);
  sys4=feedback(sys3,H2);            % 计算由 H2 构成反馈回路的子系统模型
  sys5=series(G1,sys4);
  sys=feedback(sys5,H3)              % 计算由 H3 构成反馈主回路的系统闭环传递函数
```

运行结果：

Transfer function:

$$\frac{0.5\,(s+1)\,(s+2)\,(s^2+1)}{(s+1.902)\,(s+1)\,(s^2+19.78s+98.32)\,(s^2+1.322s+1.903)}$$

■ 本章小结

1. 在经典控制理论中，常用的自动控制系统数学模型有3种表示方式：微分方程、传递函数和系统方框图。对于一个实际的系统，一般从输入端开始，依次根据有关的物理定律，分析各元件和各环节之间的联系，然后消去中间变量，并将它整理成标准形式即为微分方程，它是系统的时间域模型；系统（或环节）在初始条件为零时的输出量的拉氏变换与输入量的拉氏变换之比即为传递函数，它是系统的复数域模型；将各元件之间的传递函数用信号传递关系的数学图形表示出来即为方框图，它是系统图形化的数学模型。

2. MATLAB 具有功能非常强大的控制系统工具箱，可以进行控制系统的建模及仿真：

（1）传递函数的分析。

传递函数的有理分式模型表示：G=tf(num,den)。

零极点模型表示：G=zpk(Z,P,K)。

传递函数有理分式模型转换成零极点模型：G1=zpk(G)。

零极点模型转换成传递函数有理分式模型：G1=tf(G)。

（2）系统方框图的变换。

串联连接：sys=series(sys1,sys2)。

并联连接：sys=parallel(sys1,sys2)。

反馈连接：sys=feedback(sys1,sys2,sign)。

■ 习题

2-1 什么是系统的数学模型？在自动控制系统中常见的数学模型有哪些？

2-2 定义传递函数的前提条件是什么？

2-3 对于一个确定的系统，它的微分方程、传递函数和系统方框图的形式都是唯一的。这个说法对吗？为什么？

2-4 方框图等效变换的原则是什么？

2-5 求下列函数的拉氏变换。

（1）$f(t) = 2t^2 + 2t + 2$

（2）$f(t) = \sin\left(2t + \dfrac{\pi}{6}\right)$

（3）$f(t) = 2(1 - \cos t)$

2-6 对函数 $F(s) = \dfrac{s+1}{(s+2)(s+3)}$ 进行拉氏反变换。

2-7 试求图 2-26 所示有源网络的微分方程，并求其传递函数。

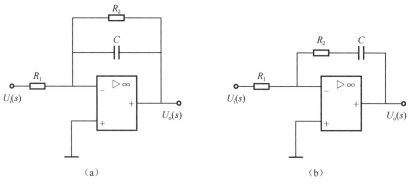

图 2-26 题 2-7 图

2-8 试列写图 2-27 所示无源网络的微分方程，并求其传递函数。

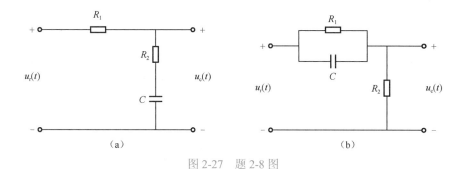

图 2-27 题 2-8 图

2-9 控制系统方框图如图 2-28 所示，其中 $G_1(s) = \dfrac{s}{s^2 + 2s + 1}$，$G_2(s) = \dfrac{1}{2s + 1}$，$H(s) = 1$，求总的传递函数。

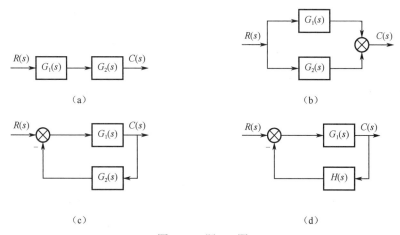

图 2-28 题 2-9 图

2-10 已知控制系统方框图如图 2-29 所示，求系统闭环传递函数 $\dfrac{C(s)}{R(s)}$。

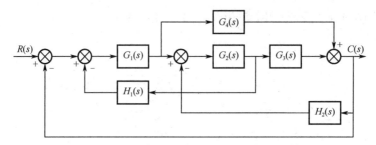

图 2-29　题 2-10 图

2-11　已知控制系统方框图如图 2-30 所示，求传递函数 $\dfrac{C_1(s)}{R_1(s)}$，$\dfrac{C_1(s)}{R_2(s)}$，$\dfrac{C_2(s)}{R_1(s)}$，$\dfrac{C_2(s)}{R_2(s)}$。

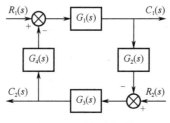

图 2-30　题 2-11 图

2-12　已知控制系统方框图如图 2-31 所示，试求它们的传递函数 $\dfrac{C(s)}{R(s)}$。

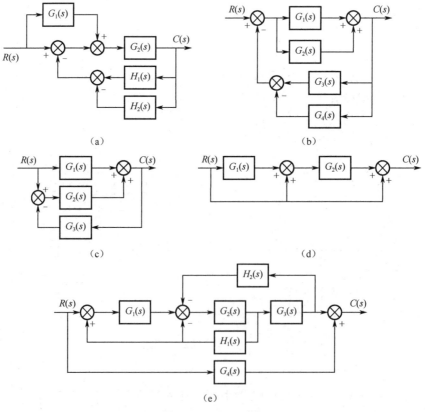

图 2-31　题 2-12 图

第3章
控制系统的时域分析法

建立自动控制系统的数学模型，是对自动控制系统进行理论研究的前提。模型一旦建立，便可运用适当的方法对系统的控制性能做全面的分析和计算。在经典控制理论中，控制系统的分析方法主要有时域分析法、根轨迹法和频域分析法。所谓时域分析法，就是指根据控制系统的时域响应来分析系统的稳定性、快速性和准确性。与其他分析方法相比较，时域分析法是一种直接的分析方法，具有直观和准确的优点，并能提供系统时间响应的全部信息。

■ 3.1 典型输入信号和时域性能指标

3.1.1 典型输入信号

3.1.1 典型输入信号

控制系统的输出响应是系统数学模型的解。系统的输出响应不仅取决于系统本身的结构参数、初始状态，而且和输入信号的形式有关。对初始状态可以做统一规定，如规定为零初始状态。若再将输入信号规定为统一的形式，则系统的输出响应由系统本身的结构、参数来确定，因而更便于对各种系统进行比较和研究。自动控制系统常用的典型输入信号有下面几种形式。

1. 阶跃函数

阶跃函数定义为

$$r(t) = \begin{cases} U & t \geq 0 \\ 0 & t < 0 \end{cases} \tag{3-1}$$

式中，U 是常数，称为阶跃函数的阶跃值。$U=1$ 的阶跃函数称为单位阶跃函数，记为 $1(t)$，如图 3-1 所示。单位阶跃函数的拉氏变换为 $1/s$。

在 $t=0$ 处的阶跃信号，相当于一个不变的信号突然加到系统上，如指令的突然转换、电源的突然接通、负荷的突变等，都可视为阶跃作用。

2. 斜坡函数

斜坡函数定义为

$$r(t) = \begin{cases} Ut & t \geq 0 \\ 0 & t < 0 \end{cases} \tag{3-2}$$

这种函数相当于在随动系统中加入一个按恒定速度变化的位置信号，恒定速度为 U。当 $U=1$ 时，称为单位斜坡函数，如图 3-2 所示。单位斜坡函数的拉氏变换为 $1/s^2$。

3. 抛物线函数

抛物线函数定义为

$$r(t) = \begin{cases} \dfrac{1}{2}Ut^2 & t \geq 0 \\ 0 & t < 0 \end{cases} \tag{3-3}$$

这种函数相当于在系统中加入一个按恒定加速度变化的位置信号，加速度为 U。当 $U=1$ 时，称为单位抛物线函数，如图 3-3 所示。单位抛物线函数的拉氏变换为 $1/s^3$。

4. 单位脉冲函数

单位脉冲函数定义为

$$\begin{cases} r(t) = \delta(t) = \begin{cases} \infty & t = 0 \\ 0 & t \neq 0 \end{cases} \\ \displaystyle\int_{-\infty}^{\infty} \delta(t)\mathrm{d}t = 0 \end{cases} \tag{3-4}$$

单位脉冲函数的积分面积是 1。单位脉冲函数如图 3-4 所示。其拉氏变换为 1。单位脉冲函数在现实中是不存在的，它只有数学上的意义。在系统分析中，它是一个重要的数学工具。此外，在实际中有很多信号可以用脉冲信号模拟，如冲击力、阵风等。

图 3-1 单位阶跃函数

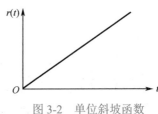

图 3-2 单位斜坡函数

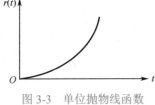

图 3-3 单位抛物线函数

图 3-4 单位脉冲函数

5. 正弦函数

正弦函数定义为

$$r(t) = A\sin\omega t \tag{3-5}$$

式中，A 为振幅；ω 为（角）频率。其拉氏变换为 $\dfrac{A\omega}{s^2 + \omega^2}$。

用正弦信号作输入信号，可以求得系统对不同（角）频率的正弦信号的稳态响应，由此可以间接判断系统的性能。

3.1.2 时域性能指标

时域中评价系统的暂态性能，通常以系统对单位阶跃输入信号的暂态响应为依据。这时系统的暂态响应曲线称为单位阶跃响应或单位过渡特性，典型的响应曲线如图 3-5 所示。

3.1.2 时域性能指标

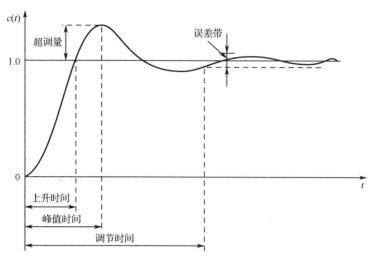

图 3-5　单位阶跃输入信号下的暂态响应曲线

为了评价系统的暂态性能，规定如下指标：

（1）上升时间 t_r：指输出响应从稳态值的 10% 上升到 90% 所需的时间。对有振荡的系统，则取响应从零到第一次达到稳态值 $c(\infty)$ 所需的时间。

（2）峰值时间 t_p：指输出响应超过稳态值而达到第一个峰值（$c(t_p)$）所需的时间。

（3）调节时间 t_s：指当输出量 $c(t)$ 和稳态值 $c(\infty)$ 之间的偏差达到允许范围（一般取 2% 或 5%）以后不再超过此值所需的最短时间。

（4）最大超调量（或称超调量）$\sigma_p\%$：指暂态过程中输出响应的最大值超过稳态值的百分数。即

$$\sigma_p\% = \frac{[c(t_p) - c(\infty)]}{c(\infty)} \times 100\% \tag{3-6}$$

（5）稳态误差 e_{ss}：系统输出实际值与期望值之差。

在上述几项指标中，上升时间 t_r 和峰值时间 t_p 表征系统响应初始阶段的快慢；调节时间 t_s 表征系统过渡过程（暂态过程）的持续时间，从总体上反映了系统的快速性；而超调量 $\sigma_p\%$ 标志着暂态过程的稳定性；这四个指标都属于系统的动态性能指标。稳态误差反映了系统复现输入信号的最终精度，是对系统控制精度或抗扰动能力的一种度量，属于系统的稳态性能指标。

■ 3.2　一阶系统的时域分析

凡是可用一阶微分方程描述的系统都称为一阶系统。一阶系统的传递

3.2 一阶系统的
时域分析

函数为

$$G(s) = \frac{1}{Ts+1}$$

式中，T 称为时间常数，它是表征系统惯性的一个重要参数。所以一阶系统是一个非周期的惯性环节。图 3-6 为一阶系统的方框图。

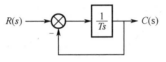

图 3-6　一阶系统的方框图

下面介绍在三种不同的典型输入信号作用下一阶系统的时域分析。

3.2.1　单位阶跃响应

当输入信号 $r(t)=1(t)$ 时，$R(s)=1/s$，系统输出量的拉氏变换为

$$C(s) = G(s) \cdot R(s) = \frac{1}{Ts+1} \cdot \frac{1}{s}$$

$$= \frac{1}{s} - \frac{T}{Ts+1}$$

$$= \frac{1}{s} - \frac{1}{s+\frac{1}{T}}$$

对上式取拉氏反变换，得单位阶跃响应为

$$c(t) = 1 - e^{-\frac{t}{T}} \quad (t \geq 0) \tag{3-7}$$

根据式（3-7），可得表 3-1 所列数据。

表 3-1　一阶惯性环节的单位阶跃响应

t	0	T	$2T$	$3T$	$4T$	$5T$	$\cdots$	∞
$c(t)$	0	0.632	0.865	0.95	0.982	0.993	$\cdots$	1

由此可见，一阶系统的阶跃响应曲线是一条初始值为 0，按指数规律上升到稳态值 1 的曲线，如图 3-7 所示。由系统的输出响应可得到如下的性能。

（1）由于 $c(t)$ 的终值为 1，因此系统的稳态误差为 0。

（2）当 $t=T$ 时，$c(T)=0.632$。这表明当系统的单位阶跃响应从 0 达到稳态值的 63.2% 所需的时间，就是该系统的时间常数 T。

单位阶跃响应曲线的初始斜率为

$$\left. \frac{\mathrm{d}c(t)}{\mathrm{d}t} \right|_{t=0} = \frac{1}{T}$$

这表明一阶系统单位阶跃响应如果以初始速度上升到稳态值 1，所需的时间恰好等于 T。

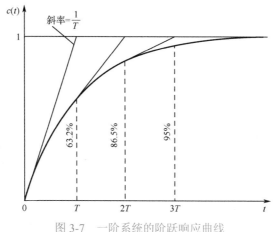

图 3-7　一阶系统的阶跃响应曲线

（3）根据暂态性能指标的定义可以求得：

调节时间为

$$t_s = 3T \quad (\pm 5\% \text{ 的误差带})$$
$$t_s = 4T \quad (\pm 2\% \text{ 的误差带})$$

延迟时间为

$$t_d = 0.69T$$

上升时间为

$$t_r = 2.20T$$

峰值时间和超调量都为 0。

3.2.2　单位斜坡响应

当输入信号 $u(t) = t$ 时，$U(s) = 1/s^2$，系统输出量的拉氏变换为

$$C(s) = \frac{1}{s^2(Ts+1)} = \frac{1}{s^2} - \frac{T}{s} + \frac{T^2}{Ts+1} \quad (t \geq 0)$$

对上式取拉氏反变换，得单位斜坡响应为

$$c(t) = (t-T) + Te^{-\frac{t}{T}} \quad (t \geq 0) \tag{3-8}$$

其中，$(t-T)$ 为稳态分量，$Te^{-t/T}$ 为暂态分量。单位斜坡响应曲线如图 3-8 所示。

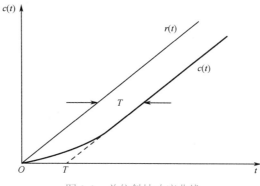

图 3-8　单位斜坡响应曲线

由一阶系统单位斜坡响应可分析出，系统存在稳态误差。因为$u(t)=t$，输出稳态为$t-T$，所以稳态误差为$e_{ss}=t-(t-T)=T$。为了提高斜坡响应的精度，应使一阶系统的时间常数T尽可能小。

■ 3.3　二阶系统的时域分析

凡是可用二阶微分方程描述的系统都称为二阶系统。在工程实践中，二阶系统不乏其例；特别是，不少高阶系统的特性在一定条件下可用二阶系统的特性来近似表征。因此，研究典型二阶系统的分析和计算方法，具有较大的实际意义。

3.3.1 二阶系统单位阶跃响应分析

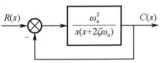

图3-9　典型的二阶系统方框图

图3-9为典型的二阶系统方框图，系统的开环传递函数为

$$G_K(s)=\frac{\omega_n^2}{s(s+2\zeta\omega_n)} \tag{3-9}$$

系统的闭环传递函数为

$$G_B(s)=\frac{\omega_n^2}{s^2+2\zeta\omega_n s+\omega_n^2} \tag{3-10}$$

式（3-10）称为典型二阶系统的传递函数，其中，ζ为典型二阶系统的阻尼比（或相对阻尼比），ω_n为无阻尼振荡频率（或称自然振荡角频率）。令系统闭环传递函数的分母等于零所得的方程式称为系统的特征方程。典型二阶系统的特征方程为

$$s^2+2\zeta\omega_n s+\omega_n^2=0$$

它的两个特征根是

$$s_{1,2}=-\zeta\omega_n\pm\omega_n\sqrt{\zeta^2-1}$$

当$0<\zeta<1$时，称为欠阻尼状态。特征根为一对实部为负的共轭复数根。

当$\zeta=1$时，称为临界阻尼状态。特征根为两个相等的负实根。

当$\zeta>1$时，称为过阻尼状态。特征根为两个不相等的负实根。

当$\zeta=0$时，称为无阻尼状态。特征根为一对纯虚根。

ζ和ω_n是二阶系统的两个重要参数，系统响应特性完全由这两个参数来描述。

3.3.1　二阶系统的阶跃响应

在单位阶跃函数作用下，二阶系统输出的拉氏变换为

$$C(s)=G_B(s)R(s)=G_B(s)\frac{1}{s}$$

求$C(s)$的拉氏反变换，可得典型二阶系统单位阶跃响应。由于特征根$s_{1,2}$与系统阻尼比有关。当阻尼比ζ为不同值时，单位阶跃响应有不同的形式，下面分几种情况来分析二阶系统的暂态特性。

1. 欠阻尼情况（ $0 < \zeta < 1$ ）

当 $0 < \zeta < 1$ 时，系统的一对共轭复数根可写为

$$s_{1,2} = -\zeta\omega_n \pm j\omega_n\sqrt{1-\zeta^2}$$

当输入信号为单位阶跃信号时，系统输出量的拉氏变换为

$$C(s) = \frac{\omega_n^2}{s^2 + 2\zeta\omega_n s + \omega_n^2} \cdot \frac{1}{s}$$

$$= \frac{1}{s} - \frac{s + \zeta\omega_n}{(s + \zeta\omega_n)^2 + \omega_d^2} - \frac{\zeta\omega_n}{(s + \zeta\omega_n)^2 + \omega_d^2}$$

式中， $\omega_d = \omega_n\sqrt{1-\zeta^2}$ 。对上式进行拉氏反变换，则欠阻尼二阶系统的单位阶跃响应为

$$c(t) = 1 - e^{-\zeta\omega_n t}\left(\cos\sqrt{1-\zeta^2}\,\omega_n t + \frac{\zeta}{\sqrt{1-\zeta^2}}\sin\sqrt{1-\zeta^2}\,\omega_n t\right) \tag{3-11}$$

$$= 1 - \frac{1}{\sqrt{1-\zeta^2}}e^{-\zeta\omega_n t}\sin(\omega_d t + \beta) \quad (t \geq 0)$$

式中，

$$\beta = \arctan\frac{\sqrt{1-\zeta^2}}{\zeta} = \arccos\zeta \tag{3-12}$$

由式（3-11）知，欠阻尼二阶系统的单位阶跃响应由两部分组成，第一项为稳态分量，第二项为暂态分量。它是一个幅值按指数规律衰减的有阻尼的正弦振荡，振荡角频率为 ω_d 。响应曲线如图 3-10 所示。

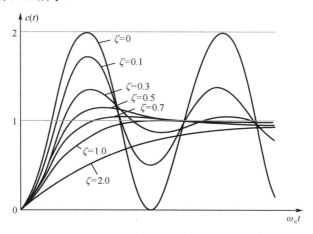

图 3-10　典型二阶系统的单位阶跃响应曲线

2. 临界阻尼情况（ $\zeta = 1$ ）

当 $\zeta = 1$ 时，系统有两个相等的负实根：

$$s_{1,2} = -\omega_n$$

在单位阶跃信号作用下，输出量的拉氏变换为

$$C(s) = \frac{\omega_n^2}{s(s^2 + 2\omega_n s + \omega_n^2)} = \frac{1}{s} - \frac{\omega_n}{(s + \omega_n)^2} - \frac{1}{s + \omega_n}$$

其拉氏反变换为

$$c(t) = 1 - e^{-\omega_n t}(1 + \omega_n t) \quad (t \geq 0) \tag{3-13}$$

式（3-13）表明，临界阻尼二阶系统的单位阶跃响应是稳态值为 1 的非周期上升过程，整个响应过程不产生振荡。响应曲线如图 3-10 所示。

3. 过阻尼情况（$\zeta > 1$）

当 $\zeta > 1$ 时，系统有两个不相等的负实根：

$$s_{1,2} = -\zeta\omega_n \pm \omega_n\sqrt{\zeta^2 - 1}$$

当输入信号为单位阶跃信号时，输出量的拉氏变换为

$$C(s) = \frac{\omega_n^2}{(s - s_1)(s - s_2)} \cdot \frac{1}{s}$$

其拉氏反变换为

$$c(t) = 1 - \frac{1}{2\sqrt{\zeta^2 - 1}}\left(\frac{e^{s_1 t}}{\zeta - \sqrt{\zeta^2 - 1}} - \frac{e^{s_2 t}}{\zeta + \sqrt{\zeta^2 - 1}} \right) \quad (t \geq 0) \tag{3-14}$$

式（3-14）表明，系统响应含有两个单调衰减的指数项，它们的代数和不会超过稳态值 1，因而过阻尼二阶系统的单位阶跃响应是非振荡的。响应曲线如图 3-10 所示。

4. 无阻尼情况（$\zeta = 0$）

当 $\zeta = 0$ 时输出量的拉氏变换为

$$C(s) = \frac{\omega_n^2}{s(s^2 + \omega_n^2)}$$

特征方程的根为

$$s_{1,2} = \pm j\omega_n$$

因此二阶系统的输出响应为

$$c(t) = 1 - \cos\omega_n t \quad (t \geq 0) \tag{3-15}$$

式（3-15）表明，系统为不衰减的振荡，其振荡频率为 ω_n，系统属不稳定系统。响应曲线如图 3-10 所示。

5. 负阻尼情况（$\zeta < 0$）

当 $\zeta < 0$ 时，称为负阻尼。其分析方法与以上情况类似，只是其响应表达式的各指数项均变为正指数，故随着时间 $t \to \infty$，其输出 $c(t) \to \infty$，即其单位阶跃响应曲线是发散的，如图 3-11 和图 3-12 所示。

综上所述，可以看出，在不同阻尼比 ζ 下，二阶系统的闭环极点和暂态响应有很大的区别。阻尼比 ζ 为二阶系统的重要特征参量。当 $\zeta = 0$ 时，系统不能正常工作，而当 $\zeta > 1$ 时，系统暂态响应又进行得太慢，所以，对二阶系统来说，欠阻尼情况是最有意义的，下面讨论这种情况下的暂态性能指标。

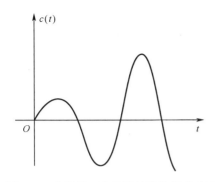

图 3-11　负阻尼二阶系统的发散振荡响应

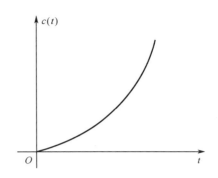

图 3-12　负阻尼二阶系统的单调发散响应

3.3.2　系统的暂态性能指标

3.3.2 二阶系统欠阻尼
单位阶跃响应性能指
标分析

1. 上升时间 t_r

根据定义，当 $t=t_r$ 时，$c(t_r)=1$。由式（3-11），得

$$c(t_r) = 1 - \frac{1}{\sqrt{1-\zeta^2}} e^{-\zeta\omega_n t_r} \sin(\omega_d t_r + \beta) = 1$$

则

$$\frac{1}{\sqrt{1-\zeta^2}} e^{-\zeta\omega_n t_r} \sin(\omega_d t_r + \beta) = 0$$

因为

$$\frac{1}{\sqrt{1-\zeta^2}} \neq 0, \quad e^{-\zeta\omega_n t_r} \neq 0$$

所以有

$$\omega_d t_r + \beta = \pi$$

即

$$t_r = \frac{(\pi - \beta)}{\omega_d} \tag{3-16}$$

显然，增大 ω_n 或减小 ζ，均能减小 t_r，从而加快系统的初始响应速度。

2. 峰值时间 t_p

将式（3-11）对时间 t 求导，并令其为零，可求得峰值时间 t_p，即

$$\left. \frac{dc(t)}{dt} \right|_{t=t_p} = -\frac{1}{\sqrt{1-\zeta^2}} [-\zeta\omega_n e^{-\zeta\omega_n t_p} \sin(\omega_d t_p + \beta) + \omega_d e^{-\zeta\omega_n t_p} \cos(\omega_d t_p + \beta)] = 0$$

从而得

$$\tan(\omega_d t_p + \beta) = \frac{\sqrt{1-\zeta^2}}{\zeta}$$

因为

$$\tan\beta = \frac{\sqrt{1-\zeta^2}}{\zeta}$$

从而得

$$\omega_d t_p = 0, \pi, 2\pi, \cdots$$

按峰值时间定义，它是最大超调量，即 $c(t)$ 第一次出现峰值时所对应的时间，所以应取

$$t_p = \frac{\pi}{\omega_d} = \frac{\pi}{\sqrt{1-\zeta^2}\,\omega_n} \qquad (t \geqslant 0) \qquad (3\text{-}17)$$

式（3-17）说明，峰值时间恰好等于阻尼振荡周期的一半，当 ζ 一定时极点距实轴越远，t_p 越小。

3. 最大超调量 $\sigma_p\%$

当 $t = t_p$ 时，$c(t)$ 有最大值 $c(t)_{max}$，即 $c(t)_{max} = c(t_p)$。对于单位阶跃输入，系统的稳态值 $c(\infty) = 1$，将峰值时间表达式（3-17）代入式（3-11），得最大输出为

$$c(t)_{max} = c(t_p) = 1 - \frac{e^{-\frac{\zeta\pi}{\sqrt{1-\zeta^2}}}}{\sqrt{1-\zeta^2}} \sin(\pi + \beta)$$

因为

$$\sin(\pi + \beta) = -\sin\beta = -\sqrt{1-\zeta^2}$$

所以

$$c(t_p) = 1 + e^{-\frac{\zeta\pi}{\sqrt{1-\zeta^2}}}$$

则超调量为

$$\sigma_p\% = e^{-\frac{\zeta\pi}{\sqrt{1-\zeta^2}}} \times 100\% \qquad (3\text{-}18)$$

可见超调量仅由 ζ 决定，ζ 越大，$\sigma_p\%$ 越小。

4. 调节时间 t_s

根据调节时间的定义，t_s 应由下式求出

$$\Delta c = c(\infty) - c(t) = \left| \frac{e^{-\zeta\omega_n t_s}}{\sqrt{1-\zeta^2}} \sin(\omega_d t_s + \vartheta) \right| \leqslant \Delta$$

由上式可看出，求解上式十分困难。由于正弦函数的存在，t_s 与 ζ 间的函数关系是不连续的，为了简便起见，可采用近似的计算方法，忽略正弦函数的影响，认为指数函数衰减到 $\Delta = 0.05$（5%）或 $\Delta = 0.02$（2%）时，暂态过程即进行完毕。这样得到

$$\frac{e^{-\zeta\omega_n t_s}}{\sqrt{1-\zeta^2}} = \Delta$$

即

$$t_s = -\frac{1}{\zeta\omega_n} \ln(\Delta\sqrt{1-\zeta^2}) \qquad (3\text{-}19)$$

当 ζ 较小时，可得

$$t_s(5\%) = \frac{1}{\zeta\omega_n}\left[3 - \frac{1}{2}\ln(1-\zeta^2) \right] \approx \frac{3}{\zeta\omega_n} \qquad (3\text{-}20)$$

$$t_s(2\%) = \frac{1}{\zeta\omega_n}\left[4 - \frac{1}{2}\ln(1-\zeta^2)\right] \approx \frac{4}{\zeta\omega_n} \qquad (3\text{-}21)$$

通过以上分析可知，调节时间 t_s 近似与 ζ、ω_n 这两个特征参数的乘积成反比。

在设计系统时，ζ 通常由要求的最大超调量决定，所以调节时间 t_s 由无阻尼自然振荡频率 ω_n 决定。也就是说，在不改变超调量的条件下，通过改变 ω_n 来改变调节时间 t_s。ω_n 越大，系统调节时间 t_s 越短。

当 ω_n 一定时，利用式（3-19）求调节时间 t_s 的极小值，可得当 $\zeta = 0.707$ 时，系统单位阶跃响应的调节时间 t_s 最小，即系统响应最快。当 $\zeta < 0.707$ 时，ζ 越小，则 t_s 越大；而当 $\zeta > 0.707$ 时，ζ 越大，则 t_s 越大。

例 3.1　随 动 系 统 如 图 3-13（a）所 示，已 知 伺 服 电 动 机 的 传 递 函 数 为 $\dfrac{\theta(s)}{U_a(s)} = \dfrac{K_m}{s(T_m s+1)}$，电压放大器和功率放大器的传递函数分别为 K_1 和 K_2，分析特征参数 ζ、ω_n 与性能指标的关系。

解：根据题意可得此随动系统的方框图，如图 3-13（b）所示，进一步简化，得到图 3-13（c）。

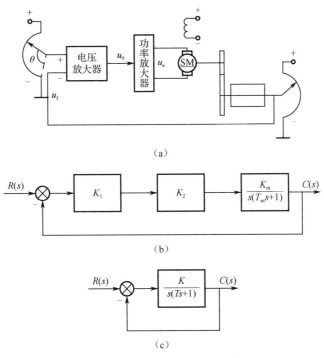

图 3-13　随动系统及其方框图

所以，闭环传递函数为

$$\Phi(s) = \frac{K}{Ts^2+s+K} = \frac{\dfrac{K}{T}}{s^2+\dfrac{1}{T}s+\dfrac{K}{T}} = \frac{\omega_n^2}{s^2+2\zeta\omega_n s+\omega_n^2}$$

$$\begin{cases} \omega_n^2 = \dfrac{K}{T} \\ 2\zeta\omega_n = \dfrac{1}{T} \end{cases} \Rightarrow \begin{cases} \omega_n = \sqrt{\dfrac{K}{T}} \\ \zeta = \dfrac{1}{2\sqrt{KT}} \end{cases}$$

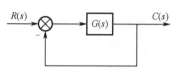

图 3-14　单位反馈随动系统的方框图

例 3.2　开环传递函数 $G(s) = \dfrac{K}{s(Ts+1)}$ 的单位反馈随动系统的方框图如图 3-14 所示。若 $K=16$，$T=0.25\mathrm{s}$，试求：（1）典型二阶系统的特征参数 ζ 和 ω_n；（2）暂态特性指标 $\sigma_p\%$ 和 t_s；（3）欲使 $\sigma_p\%=16\%$，当 T 不变时，K 应取何值？

解：（1）闭环系统的传递函数为

$$\varPhi(s) = \frac{K}{Ts^2 + s + K} = \frac{\dfrac{K}{T}}{s^2 + \dfrac{1}{T}s + \dfrac{K}{T}}$$

令

$$\varPhi(s) = \frac{\omega_n^2}{s^2 + 2\zeta\omega_n s + \omega_n^2}$$

为一个典型二阶系统，比较上述两式得

$$\omega_n = \sqrt{\frac{K}{T}}, \quad \zeta = \frac{1}{2\sqrt{KT}}$$

已知 K、T 值，由上式可得

$$\omega_n = \sqrt{\frac{K}{T}} = \sqrt{\frac{16}{0.25}} = 8\ (\mathrm{rad/s}), \quad \zeta = \frac{1}{2\sqrt{KT}} = 0.25$$

（2）由式（3-18）可得

$$\sigma_p\% = \mathrm{e}^{-\frac{0.25\pi}{\sqrt{1-(0.25)^2}}} \times 100\% \approx 47\%$$

由式（3-20）、式（3-21）得

$$t_s \approx \frac{4}{\zeta\omega_n} = \frac{4}{0.25 \times 8} = 2\,(\mathrm{s}) \quad (\varDelta = 2\%)$$

$$t_s \approx \frac{3}{\zeta\omega_n} = \frac{3}{0.25 \times 8} = 1.5\,(\mathrm{s}) \quad (\varDelta = 5\%)$$

（3）为使 $\sigma_p\%=16\%$，由式（3-18）求得 $\zeta = 0.5$，即应使 ζ 由 0.25 增大到 0.5，此时

$$K \approx \frac{1}{4T\zeta} = \frac{1}{4 \times 0.25 \times 0.5} = 2$$

即 K 值应减小为原来的 1/8。

例 3.3　二阶系统的单位阶跃响应曲线如图 3-15 所示，试确定系统的传递函数。

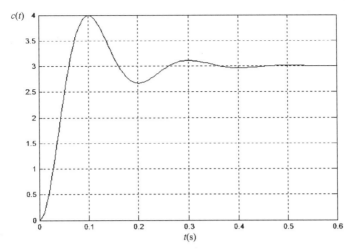

图 3-15 二阶系统的单位阶跃响应曲线

解：由图 3-15 可以看出，在单位阶跃函数作用下，系统响应的稳态值为 3，故此系统的增益不是 1，而是 3，因此系统传递函数的形式应为

$$G(s) = \frac{3\omega_n^2}{s^2 + 2\zeta\omega_n s + \omega_n^2}$$

$$\sigma_p\% = \frac{c(t_p) - c(\infty)}{c(\infty)} \times 100\% = \frac{4-3}{3} \times 100\% \approx 33\% = e^{-\frac{\zeta\pi}{\sqrt{1-\zeta^2}}} \times 100\%$$

$$t_p = 0.1(\text{s}) = \frac{\pi}{\omega_n\sqrt{1-\zeta^2}}$$

解得：$\zeta \approx 0.33$，$\omega_n \approx 33.2(\text{rad}/\text{s})$ 。

系统的传递函数为

$$G(s) = \frac{3306.72}{s^2 + 22s + 1102.4}$$

■ 3.4 系统的稳定性分析

3.4.1 系统稳定性的概念和稳定的充要条件

3.4.1 系统的稳
定性

一个线性系统正常工作的首要条件，就是它必须是稳定的。所谓稳定性，是指系统受到扰动作用后偏离原来的平衡状态，在扰动作用消失后，经过一段时间能否恢复到原来的平衡状态或足够准确地回到原来的平衡状态的性能。若系统能恢复到原来的平衡状态，则称系统是稳定的，如图 3-16（a）所示；若扰动消失后系统不能恢复到原来的平衡状态，则称系统是不稳定的，如图 3-16（b）所示。

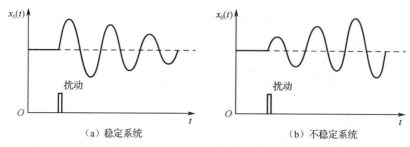

图 3-16　扰动状态下的输出特性曲线

稳定性分为绝对稳定性和相对稳定性。

1. 绝对稳定性

如果控制系统没有受到任何扰动，也没有输入信号的作用，系统的输出量保持在某一状态上，则控制系统处于平衡状态。

（1）如果线性系统在初始条件作用下，其输出量最终返回它的平衡状态，那么这种系统是稳定的。

（2）如果线性系统的输出量呈现持续不断的等幅振荡，则称其为临界稳定。临界稳定状态按李雅普诺夫的定义属于稳定的状态，但由于系统参数变化等原因，实际上等幅振荡不能维持，系统总会由于某些因素而变得不稳定。因此从工程应用的角度来看，临界稳定属于不稳定系统，或称工程意义上的不稳定。

（3）如果系统在初始条件作用下，其输出量无限制地偏离其平衡状态，则称系统是不稳定的。

实际上，物理系统的输出量只能增大到一定范围，此后或者受到机械制动装置的限制，或者系统遭到破坏，或者当输出量超过一定数值后，系统变成非线性的，从而使线性微分方程不再适用。因此，绝对稳定性是系统能够正常工作的前提。

2. 相对稳定性

除了绝对稳定性，还需要考虑系统的相对稳定性，即稳定系统的稳定程度。因为物理控制系统包括一些储能元件，所以当输入量作用于系统时，系统的输出量不能立即跟随输入量变化，在系统到达稳态之前，它的瞬态响应常常表现为阻尼振荡过程。在稳态时，如果系统的输出量与输入量不能完全吻合，则称系统具有稳态误差。

从数学的方法（本书不详解）研究可以得出系统稳定性和系统特征方程的根的关系，如表 3-2 所示，表中 1、2 属于稳定系统，3～6 则属于不稳定系统。

线性系统的稳定性取决于系统本身固有的特性，而与干扰信号无关。它取决于扰动取消后暂态分量的衰减与否。从二阶系统暂态特性分析中可以看出，暂态分量的衰减与否，取决于系统闭环传递函数的极点（系统的特征根）在 s 平面的分布。如果所有极点都分布在 s 平面的左半平面，系统的暂态分量将逐渐衰减为零，则系统是稳定的；如果有共轭极点分布在 s 平面的虚轴上，则系统的暂态分量做等幅振荡，系统处于临界稳定状态；如果有闭环极点分布在 s 平面的右半平面，则系统具有发散的暂态分量，系统是不稳定的。所以，线性系统稳定的充分必要条件是：系统特征方程所有的根（闭环传递函数的极点）全部为负实数或具有负实部的共轭复数，也就是所有的闭环极点分布在 s 平面虚轴的左侧（s 平面的左半平面）。

表 3-2 系统稳定性和系统特征方程的根的关系

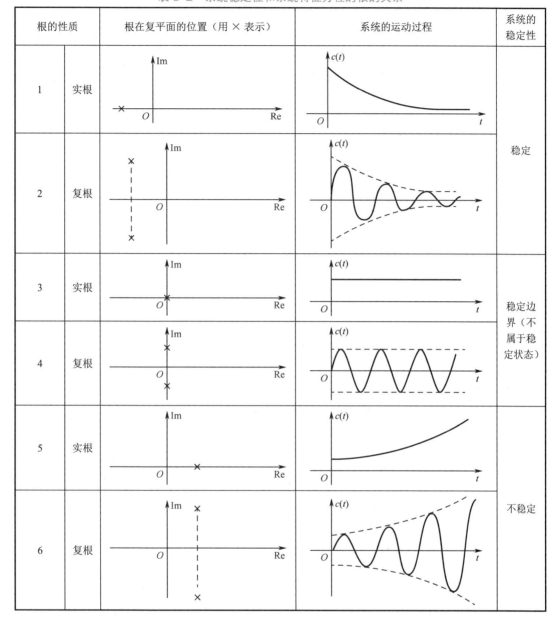

根的性质		根在复平面的位置（用 × 表示）	系统的运动过程	系统的稳定性
1	实根			稳定
2	复根			
3	实根			稳定边界（不属于稳定状态）
4	复根			
5	实根			不稳定
6	复根			

因此，可以根据特征方程的根来判断系统稳定与否。例如，一阶系统的特征方程为

$$a_1 s + a_0 = 0$$

特征方程的根为

$$s = -\frac{a_0}{a_1}$$

显然，特征方程的根为负的充分必要条件是 a_0, a_1 均为正值，即 $a_1 > 0$，$a_0 > 0$。

二阶系统的特征方程为

$$a_2 s^2 + a_1 s + a_0 = 0$$

特征方程的根为

$$s_{1,2} = -\frac{a_1}{2a_2} \pm \sqrt{\left(\frac{a_1}{2a_2}\right)^2 - \frac{a_0}{a_2}}$$

要使系统稳定，特征方程的根必须有负实部。因此二阶系统稳定的充分必要条件如下：

$$a_2 > 0, \quad a_1 > 0, \quad a_0 > 0 \tag{3-22}$$

由于求解高阶系统特征方程的根很麻烦，所以对高阶系统一般采用间接方法来判断其稳定性。经常应用的间接方法是代数判据（也称劳斯－赫尔维茨判据）、频率法稳定判据（也称奈奎斯特判据）。本章只介绍代数判据。

3.4.2 代数判据

下面介绍劳斯－赫尔维茨判据。

设系统闭环传递函数的特征方程为

3.4.2 代数判据

$$a_n s^n + a_{n-1} s^{n-1} + \cdots + a_1 s + a_0 = 0$$

劳斯－赫尔维茨行列式由下述方法产生。在主对角线上写出从第二项（a_{n-1}）到最末一项系数（a_0），如果在某位置上按次序应填入的系数大于 a_n 或小于 a_0，则在该位置上填零。对于 n 阶微分方程来说，主行列式为

$$D = \begin{vmatrix} a_{n-1} & a_{n-3} & a_{n-5} & a_{n-7} & \cdots & 0 \\ a_n & a_{n-2} & a_{n-4} & a_{n-6} & \cdots & 0 \\ 0 & a_{n-1} & a_{n-3} & a_{n-5} & \cdots & 0 \\ 0 & a_n & a_{n-2} & a_{n-4} & \cdots & 0 \\ \vdots & \vdots & \vdots & \vdots & & \vdots \\ 0 & 0 & 0 & 0 & \cdots & a_0 \end{vmatrix}_{n \times n} \tag{3-23}$$

系统稳定的充要条件如下：

（1）特征方程各系数项 $a_n > 0$；

（2）由特征方程系数构成的劳斯－赫尔维茨行列式（3-23）的主、子行列式全部为正。

例 3.4 设系统的特征方程为

$$a_4 s^4 + a_3 s^3 + a_2 s^2 + a_1 s + a_0 = 0$$

则主行列式为

$$D = \begin{vmatrix} a_3 & a_1 & 0 & 0 \\ a_4 & a_2 & a_0 & 0 \\ 0 & a_3 & a_1 & 0 \\ 0 & a_4 & a_2 & a_0 \end{vmatrix}$$

因此系统稳定的充要条件为

$$a_4 > 0, \quad a_3 > 0, \quad a_2 > 0, \quad a_1 > 0, \quad a_0 > 0$$

主行列式及各子行列式也必须大于零。即

$$D_1 = |a_3| = a_3 > 0$$

$$D_2 = \begin{vmatrix} a_3 & a_1 \\ a_4 & a_2 \end{vmatrix} = a_3 a_2 - a_4 a_1 > 0$$

$$D_3 = \begin{vmatrix} a_3 & a_1 & 0 \\ a_4 & a_2 & a_0 \\ 0 & a_3 & a_1 \end{vmatrix} = a_3 a_2 a_1 - a_1^2 a_4 - a_3^2 a_0 > 0$$

$$D_4 = a_0 D_3 > 0$$

例 3.5　系统的特征方程为

$$2s^4 + s^3 + 3s^2 + 5s + 10 = 0$$

试用劳斯－赫尔维茨判据判别系统的稳定性。

$$D = \begin{vmatrix} 1 & 5 & 0 & 0 \\ 2 & 3 & 10 & 0 \\ 0 & 1 & 5 & 0 \\ 0 & 2 & 3 & 10 \end{vmatrix}$$

各系数项 $a_n > 0$；

其中子行列式

$$D_1 = 1 > 0$$

$$D_2 = \begin{vmatrix} 1 & 5 \\ 2 & 3 \end{vmatrix} = 1 \times 3 - 2 \times 5 = -7 < 0$$

由于 $D_2 < 0$，因此不满足劳斯－赫尔维茨行列式全部为正的条件，系统属于不稳定系统。对 D_3、D_4，可以不再进行计算。

■ 3.5　系统的稳态误差分析

稳态误差是衡量控制系统最终精度的重要指标。3.4 节分析的系统稳定性只取决于系统的结构参数，与系统的输入信号及初始状态无关。而系统稳态误差既与系统的结构参数有关，又与系统的输入信号密切相关。

系统误差用 $e(t)$ 表示，泛指期望值 $r(t)$ 与实际值 $c(t)$ 之差。对单位负反馈系统，误差表示为

$$e(t) = r(t) - c(t) \tag{3-24}$$

系统的典型方框图如图 3-17 所示，$r(t)$ 相当于被控量的期望值，而 $b(t)$ 相当于被控量 $c(t)$ 的测量值，$H(s)$ 为检测元件，则系统误差定义为

$$e(t) = r(t) - b(t) \tag{3-25}$$

误差 $e(t)$ 反映了系统跟踪输入信号 $r(t)$ 和抑制干扰信号 $n(t)$ 的能力和精度。

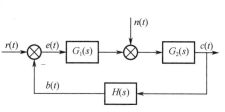

图 3-17　系统的典型方框图

求解误差 $e(t)$ 与求解系统输出响应 $c(t)$ 一样，对高阶系统是比较困难的。但若只求控制过程平稳后的误差，即系统的稳态误差，问题就比较好解决了。

稳态误差定义为稳定系统误差的终值，即

$$e_{ss} = \lim_{t \to \infty} e(t)$$

稳态误差 e_{ss} 是衡量系统最终控制精度的重要性能指标。

3.5.1 系统的
稳态误差

3.5.1 稳态误差的计算

如果系统误差的拉氏变换 $E(s)$ 在 s 平面的右半平面，以及除原点外的虚轴上没有极点（终值定理的应用条件），其稳态误差可用拉氏变换的终值定理来求解，即

$$e_{ss} = \lim_{t \to \infty} e(t) = \lim_{s \to 0} sE(s) \tag{3-26}$$

而 $E(s)$ 又可表示为

$$E(s) = \Phi_{er}(s)R(s) + \Phi_{en}(s)N(s) \tag{3-27}$$

式中，$\Phi_{er}(s)$ 为系统对输入信号的误差传递函数；$\Phi_{en}(s)$ 为系统对干扰信号的误差传递函数。经变换可得

$$\Phi_{er}(s) = \frac{1}{1 + G_1(s)G_2(s)H(s)}$$

$$\Phi_{en}(s) = \frac{-G_2(s)H(s)}{1 + G_1(s)G_2(s)H(s)}$$

故稳态误差计算式为

$$\begin{aligned}
e_{ss} &= \lim_{s \to 0} sE(s) = \lim_{s \to 0} s\Phi_{er}(s)R(s) + \lim_{s \to 0} s\Phi_{en}(s)N(s) \\
&= \lim_{s \to 0} s\left[\frac{1}{1 + G_1(s)G_2(s)H(s)}\right]R(s) + \lim_{s \to 0} s\left[\frac{-G_2(s)H(s)}{1 + G_1(s)G_2(s)H(s)}\right]N(s) \\
&= e_{ssr} + e_{ssn}
\end{aligned} \tag{3-28}$$

式中，e_{ssr} 为输入信号 $r(t)$ 引起的系统稳态误差；e_{ssn} 为干扰信号 $n(t)$ 引起的系统稳态误差。

由式（3-28）可以看出，控制系统的稳态误差不仅由系统本身的特性决定，还与输入信号有关。同一个系统在输入信号不同时，可能有不同的稳态误差。也就是说，控制系统对不同的输入信号，控制精度是不同的。

3.5.2 输入信号对稳态误差的影响

在不考虑干扰信号作用时，$r(t)$ 作用下的系统典型方框图如图 3-18 所示，设系统开环传递函数的典型形式为

3.5.2 给定信号作用
下的稳态误差

$$G(s)H(s) = \frac{K\prod_{i=1}^{m}(\tau_i s + 1)}{s^v \prod_{j=1}^{n-v}(T_j s + 1)} \tag{3-29}$$

式中，K 为开环增益；ν 为积分环节的个数（又称无差度）。

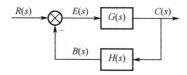

图 3-18　$r(t)$ 作用下的系统典型方框图

控制系统按 ν 的值不同分为以下几类：

（1）$\nu=0$ 的系统称为 0 型系统（有差系统）；

（2）$\nu=1$ 的系统称为 I 型系统（一阶无差系统）；

（3）$\nu=2$ 的系统称为 II 型系统（二阶无差系统）。

指定了系统的型别，即确定了 ν 值。ν 的大小反映了系统跟踪阶跃信号、斜坡信号、等加速信号的能力。系统无差度越高，稳态误差越小，但稳定性越差。在实际工业控制系统中，I 型、II 型系统较多，高于III型的系统由于稳定性极差而很少采用。

1. 单位阶跃函数输入下的稳态误差

单位阶跃函数输入下系统的稳态误差为

$$e_{ss}=\lim_{s\to 0}\frac{s}{1+G(s)H(s)}\frac{1}{s}$$

$$=\lim_{s\to 0}\frac{1}{1+G(s)H(s)} \tag{3-30}$$

如果定义

$$K_p=\lim_{s\to 0}G(s)H(s) \tag{3-31}$$

式中，K_p 称为位置误差系数，则单位阶跃函数输入下系统的稳态误差为

$$e_{ss}=\frac{1}{1+K_p} \tag{3-32}$$

对于 0 型系统，有

$$G(s)H(s)=\frac{K\prod_{i=1}^{m}(\tau_i s+1)}{\prod_{j=1}^{n}(T_j s+1)} \tag{3-33}$$

$$K_p=\lim_{s\to 0}G(s)H(s)=K \tag{3-34}$$

稳态误差为

$$e_{ss}=\frac{1}{1+K} \tag{3-35}$$

式（3-35）说明，0 型系统在单位阶跃函数输入下是有稳态误差的。所以称 0 型系统对单位阶跃函数输入是有差系统。可以通过增大开环放大系数 K 使稳态误差减小，但不能消除稳态误差，因为系统本身的特性决定了稳态误差不可能完全消除。

对于 I 型或 II 型系统：

Ⅰ型系统的开环传递函数为

$$G(s)H(s) = \frac{K \prod\limits_{i=1}^{m}(\tau_i s + 1)}{s \prod\limits_{j=1}^{n-1}(T_j s + 1)} \tag{3-36}$$

Ⅱ型系统的开环传递函数为

$$G(s)H(s) = \frac{K \prod\limits_{i=1}^{m}(\tau_i s + 1)}{s^2 \prod\limits_{j=1}^{n-2}(T_j s + 1)} \tag{3-37}$$

系统的位置误差系数为

$$K_p = \lim_{s \to 0} G(s)H(s) = \infty \tag{3-38}$$

系统的稳态误差为

$$e_{ss} = \frac{1}{1 + K_p} = 0 \tag{3-39}$$

式（3-39）说明，若要求系统在单位阶跃函数输入下的稳态误差为零，则系统必须含有积分环节。由此可以看出，积分环节具有消除稳态误差的作用。

2. 单位斜坡函数输入下的稳态误差

单位斜坡函数输入下系统的稳态误差为

$$\begin{aligned}
e_{ss} &= \lim_{s \to 0} \frac{s}{1 + G(s)H(s)} \frac{1}{s^2} \\
&= \lim_{s \to 0} \frac{1}{s[1 + G(s)H(s)]} \\
&= \lim_{s \to 0} \frac{1}{sG(s)H(s)}
\end{aligned}$$

定义

$$K_v = \lim_{s \to 0} sG(s)H(s) \tag{3-40}$$

则系统的稳态误差为

$$e_{ss} = \frac{1}{K_v} \tag{3-41}$$

式中，K_v 称为速度误差系数。

对于 0 型系统，有

$$\begin{aligned}
K_v &= \lim_{s \to 0} sG(s)H(s) \\
&= \lim_{s \to 0} \frac{sK \prod\limits_{i=1}^{m}(\tau_i s + 1)}{\prod\limits_{j=1}^{n}(T_j s + 1)} \\
&= 0
\end{aligned}$$

稳态误差为

$$e_{ss} = \frac{1}{K_v} = \infty \tag{3-42}$$

对于 I 型系统，有

$$K_v = \lim_{s \to 0} \frac{K \prod_{i=1}^{m}(\tau_i s + 1)}{\prod_{j=1}^{n-1}(T_j s + 1)}$$

$$= K \tag{3-43}$$

稳态误差为

$$e_{ss} = \frac{1}{K_v} = \frac{1}{K} \tag{3-44}$$

式中，K 为系统的开环放大系数。

对于 II 型系统，有

$$K_v = \lim_{s \to 0} \frac{K \prod_{i=1}^{m}(\tau_i s + 1)}{s \prod_{j=1}^{n-2}(T_j s + 1)}$$

$$= \infty \tag{3-45}$$

稳态误差为

$$e_{ss} = \frac{1}{K_v} = 0 \tag{3-46}$$

当 $K_v = 0$ 时，在单位斜坡函数输入下，0 型系统的稳态误差为无穷大。这说明 0 型系统不能跟踪单位斜坡函数。I 型系统虽然可以跟踪单位斜坡函数，但存在稳态误差，即 I 型系统对单位斜坡函数输入是有差的。若要在单位斜坡函数输入作用下达到无稳态误差的控制精度，系统开环传递函数必须含有两个以上的积分环节。

3. 单位抛物线函数输入下的稳态误差

单位抛物线函数输入下系统的稳态误差为

$$e_{ss} = \lim_{s \to 0} \frac{s}{1 + G(s)H(s)} \frac{1}{s^3}$$

$$= \lim_{s \to 0} \frac{1}{s^2 G(s)H(s)} \tag{3-47}$$

定义

$$K_a = \lim_{s \to 0} s^2 G(s)H(s) \tag{3-48}$$

则有

$$e_{ss} = \frac{1}{K_a} \tag{3-49}$$

式中，K_a 称为加速度误差系数。

对于 0 型系统，有

$$K_a = 0$$

$$e_{ss} = \frac{1}{K_a} = \infty \qquad (3-50)$$

对 I 型系统，有

$$K_a = 0$$

$$e_{ss} = \frac{1}{K_a} = \infty \qquad (3-51)$$

对 II 型系统，有

$$K_a = K$$

$$e_{ss} = \frac{1}{K_a} = \frac{1}{K} \qquad (3-52)$$

式中，K 为系统的开环放大系数。

在单位抛物线函数输入下，0 型、I 型系统都不能使用，II 型系统则是有差的。若要消除稳态误差，必须选择 III 型及以上的系统。但系统中积分环节太多，动态特性就会变差，甚至使系统变得不稳定。工程上很少应用 II 型以上的系统。表 3-3 给出了典型输入信号作用下各型系统的稳态误差。

表 3-3　典型输入信号作用下各型系统的稳态误差

系统类型	误差系数			输入 $r(t)=1$	输入 $r(t)=t$	输入 $r(t)=\frac{1}{2}t^2$
	K_p	K_v	K_a	$e_{ss}=\frac{1}{1+K_p}$	$e_{ss}=\frac{1}{1+K_v}$	$e_{ss}=\frac{1}{1+K_a}$
0 型	K	0	0	$\frac{1}{1+K}$	∞	∞
I 型	∞	K	0	0	$\frac{1}{K}$	∞
II 型	∞	∞	K	0	0	$\frac{1}{K}$

从以上讨论中可以得出如下结论：积分环节具有消除稳态误差的作用。这就是许多控制系统中引入积分环节的原因。

例 3.6　单位反馈系统前向通道的传递函数为

$$G(s) = \frac{1}{s(s+1)}$$

求系统在输入信号 $r(t) = 3 + 2t + 3t^2$ 作用下的稳态误差。

解：可以根据叠加原理分别求 $r_1(t) = 3$，$r_2(t) = 2t$，$r_3(t) = 3t^2$ 的稳态误差。

该系统为 Ⅰ 型系统，$r_1(t) = 3$ 为阶跃函数，$K_p = \infty$，因此有

$$e_{ss1} = \frac{1}{1+K_p} = 0$$

$r_2(t) = 2t$ 为斜坡函数，速度误差系数 $K_v = K = 1$，由此得到

$$e_{ss2} = \frac{2}{K_v} = 2$$

$r_3(t) = 3t^2$ 为抛物线函数，加速度误差系数 $K_a = 0$，因此有

$$e_{ss3} = \frac{6}{K_a} = \infty$$

系统的稳态误差为

$$e_{ss} = e_{ss1} + e_{ss2} + e_{ss3} = \infty$$

3.5.3　干扰信号作用下的稳态误差

3.5.3 干扰信号作用
下的稳态误差

以上讨论了控制系统对给定值信号的稳态误差。在控制系统受到扰动时，即使给定值不变，也会产生稳态误差。系统的元件受环境影响而老化、磨损等会使系统特性发生变化，也可能产生稳态误差。系统在干扰信号作用下的稳态误差大小反映了系统抗干扰的能力。

从式（3-28）可知，干扰信号产生的误差为

$$e_{ss} = -\lim_{s \to 0} s \left[\frac{G_2(s)H(s)}{1+G_1(s)G_2(s)H(s)} \right] N(s) \qquad (3\text{-}53)$$

若 $G_1(s)G_2(s)H(s) \gg 1$ 时，$e_{ss} = -\lim s \dfrac{N(s)}{G_1(s)}$。

值得说明的是，干扰信号作用下的稳态误差和干扰信号，以及误差与干扰信号之间的传递函数有关。所以式（3-53）只适用于图 3-17 所示的系统。若求系统在给定值信号和干扰信号同时作用下的稳态误差，只要将二者叠加就可以了。系统在干扰信号作用下的稳态误差也是系统一项重要的稳态特性指标。

■ 3.6　MATLAB 在时域分析中的应用

3.6.1　用 MATLAB 分析线性动态过程

3.6.1 用 MATLAB 分
析线性动态过程

当研究控制系统的时域特性时，最简单、直观的方法是根据系统的动态过程分析性能指标。下面利用 MATLAB 求取系统在典型输入信号下的响应，经常采用的有阶跃响应、脉冲响应和斜坡响应。

1. 阶跃响应

控制系统工具箱中给出了一个函数 step()，该函数可用于直接求取线性系统的阶跃响应，如果已知传递函数为

$$G(s) = \frac{\text{num}}{\text{den}}$$

则该函数可有以下几种调用格式：

$$\text{tep(num,den)}$$
$$\text{step(num,den,t)}$$

或

$$\text{step}(G)$$
$$\text{step}(G,t)$$

该函数将绘制出系统在单位阶跃函数输入条件下的动态响应图，同时给出稳态值。t为图像显示的时间，是用户指定的时间向量。

如果需要将输出结果返回到工作空间中，则采用以下调用格式：

$$c=\text{step}(G)$$

此时，屏幕上不会显示响应曲线，必须利用 plot() 函数来显示响应曲线。plot() 函数可以根据两个或多个给定的向量绘制二维图形。

2. 脉冲响应

控制系统工具箱中给出了一个函数 impulse()，该函数可用于直接求取线性系统的脉冲响应，该函数的调用格式、意义和 step() 相同。

3. 斜坡响应

控制系统工具箱中没有直接求系统斜坡响应的命令。在求取斜坡响应时，通常利用求取阶跃响应的命令。单位阶跃信号的拉氏变换为 $1/s$，而单位斜坡信号的拉氏变换为 $1/s^2$。因此，当求系统 $G(s)$ 的单位斜坡响应时，可以先用 s 除以 $G(s)$，再利用求阶跃响应的命令，就能求出系统的斜坡响应。

例 3.7 已知传递函数为

$$G(s) = \frac{1}{0.5s+1}$$

利用以下程序可得阶跃响应曲线，如图 3-19 所示。

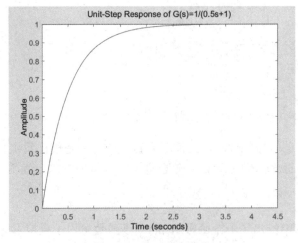

图 3-19 阶跃响应曲线

```
>>num=[1];
   den=[0.5,1];
   step(num,den)
   title('Unit-Step Response of G(s)=1/(0.5s+1)')   % 图像标题
```

还可以用下面的语句来得到阶跃响应曲线：

```
>> G=tf([1],[0.5,1]);
   t=0:0.1:5;              % 从 0 到 5 每隔 0.1 取一个值
   c=step(G,t);           % 将动态响应的幅值赋给变量 c
   plot(t,c)              % 绘制二维图形，横坐标取 t，纵坐标取 c
```

例 3.8　已知传递函数为

$$G(s) = \frac{1}{2s+1}$$

利用以下程序可得脉冲响应曲线，如图 3-20 所示。

```
>>num=[1];
   den=[2,1];
   impulse(num,den)
   grid                % 绘制网格线
```

还可以用下面的程序来得到斜坡响应曲线：

```
>>syms s
G=1/(2*s+1);           % 传递函数表达式
U=1/s^2;               % 输入
G1=G*U;                % 输出
F=ilaplace(G1);
ezplot(F,[0 10]);
axis([0,10,0,10])      % 指定横、纵坐标的范围
```

得到的曲线如图 3-21 所示。

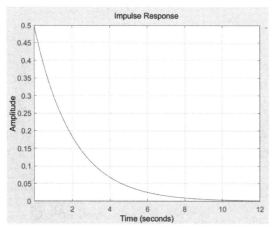

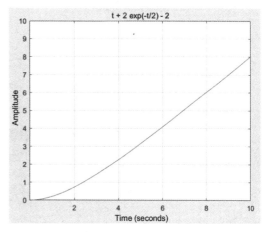

图 3-20　脉冲响应曲线　　　　　　　　　　　图 3-21　斜坡响应曲线

例 3.9　已知典型二阶系统的传递函数为

$$G_{\mathrm{B}}(s) = \frac{\omega_{\mathrm{n}}^2}{s^2 + 2\zeta\omega_{\mathrm{n}}s + \omega_{\mathrm{n}}^2}$$

其中 $\omega_{\mathrm{n}}=6$，绘制系统在 $\zeta=0.1, 0.2, \cdots, 1.0, 2.0$ 时的单位阶跃响应曲线。

解：

可执行如下程序：

```
>>%This program plots a curve of step response
  wn=6;
  kosi=[0.1,0.2,1,2];
  figure(1)
  hold on
  for kos=kosi
  num=wn.^2;
  den=[1,2*kos*wn,wn.^2];
  step(num,den);
  end;
  title('Step Response');
  hold off
```

程序中利用 step() 函数计算系统的阶跃响应，该程序执行后得到的单位阶跃响应曲线如图 3-22 所示。

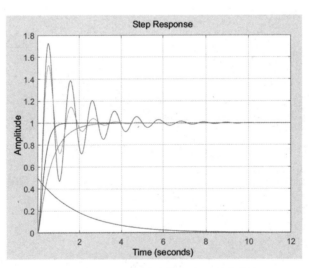

图 3-22　典型二阶系统单位阶跃响应曲线

从图 3-22 中可以看出，临界阻尼响应具有最短的上升时间，响应速度最快；对欠阻尼响应，阻尼系数越小，超调量越大，上升时间越短。通常取 $\zeta=0.4 \sim 0.8$ 为宜。

3.6.2　用 MATLAB 分析系统的稳定性

利用程序设计语言可以方便、快捷地对控制系统进行时域分析。由于控制系统的稳定性决定于系统闭环极点的位置，故要判断系统的

3.6.2 用 MATLAB 分析系统的稳定性

稳定性，只需求出系统的闭环极点；利用命令可以快速求解和绘制出系统的零、极点。欲分析系统的动态特性，只要给出系统在某典型输入下的响应曲线即可；同样，可以十分方便地求解和绘制出系统的响应曲线。

利用软件判断系统稳定性有很多种方法，常用的函数如下。

1. roots()

控制系统稳定的充要条件是其特征方程的根均具有负实部。因此，为了判别系统的稳定性，就要求出系统特征方程的根，并检验它们是否都具有负实部。在 MATLAB 中可以利用 roots() 函数求分母多项式的根来确定系统的极点，该函数的调用格式如下：

$$root(den)$$

2. pzmap()

在 MATLAB 中，可利用 pzmap() 函数绘制连续的零、极点图，也可以利用 tf2zp() 函数，求出系统的零、极点，从而判断系统的稳定性，该函数的调用格式如下：

$$pzmap(num,den)$$

例 3.10 设系统的特征方程为 $s^4+5s^3+8s^2+10s+4=0$，试判别系统是否稳定。

分析：此题非常简单，只要用 roots() 函数求解特征方程的根，若特征方程的所有根的实部为负，则系统是稳定的。

```
>> den=[1,5,8,10,4];
   roots(den)
ans =
  -3.4142
  -0.5000 + 1.3229i
  -0.5000 - 1.3229i
  -0.5858
```

以上是特征方程的 4 个特征根，实部全为负，故系统是稳定的。

例 3.11 已知连续系统的传递函数为

$$G(s) = \frac{3s^4 + 2s^3 + 5s^2 + 4s + 6}{s^5 + 3s^4 + 4s^3 + 2s^2 + 7s + 2}$$

（1）求出该系统的零、极点及增益。（2）绘出其零、极点图，判断系统的稳定性。

解：

可执行如下程序：

```
>>num=[3,2,5,4,6];
   den=[1,3,4,2,7,2];
   [z,p,k]=tf2zp(num,den);        %z,p,k 分别是零点、极点和增益
   disp(z)
   disp(p)
   disp(k)
   pzmap(num,den);                % 画零、极点图
   title('Poles and zeros map')
```

运行结果如下：

```
z = 0.4019+1.1965i        p=-1.7680+1.2673i
```

0.4019−1.1965i	1.7680−1.2673i
−0.7352+j0.8455i	0.4176+1.1130i
−0.7352−j0.8455i	0.4176−1.1130i
	−0.2991
K=3	

同时屏幕上显示系统的零、极点分布图，如图 3-23 所示。

由图 3-23 可以看出，系统有在 s 平面的右半平面的闭环极点，故系统不稳定。

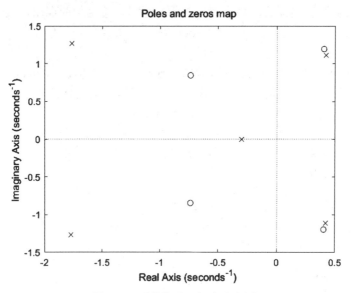

图 3-23　系统的零、极点分布图

3.6.3　用 MATLAB 分析系统的稳态误差

从前面对式（3-26）的分析可知，系统的稳态误差可用终值定理求取。

$$e_{ss} = \lim_{t \to \infty} e(t) = \lim_{s \to 0} sE(s)$$

在 MATLAB 中，利用函数 dcgain( ) 可求取系统在给定输入下的稳态误差，其调用格式如下：

$$e_{ss} = dcgain(nume, dene)$$

其中，e_{ss} 为系统给定的稳态误差；nume 和 dene 分别为系统在给定输入下的稳态传递函数 $sE(s)$ 的分子和分母多项式的系数按降幂排列构成的系数行向量。

例 3.12　已知单位反馈系统的开环传递函数为

$$G(s)H(s) = \frac{1}{s^2 + 2s + 1}$$

试求该系统在单位阶跃信号和单位速度信号作用下的稳态误差。

解：系统在单位阶跃信号作用下的稳态传递函数为

$$sE(s) = s \cdot \frac{1}{1 + G(s)H(s)} \cdot R(s) = s \cdot \frac{s^2 + 2s + 1}{s^2 + 2s + 2} \cdot \frac{1}{s} = \frac{s^2 + 2s + 1}{s^2 + 2s + 2}$$

系统在单位速度信号作用下的稳态传递函数为

$$sE(s) = s \cdot \frac{1}{1 + G(s)H(s)} \cdot R(s) = s \cdot \frac{s^2 + 2s + 1}{s^2 + 2s + 2} \cdot \frac{1}{s^2} = \frac{s^2 + 2s + 1}{s^3 + 2s^2 + 2s}$$

程序及结果如下：

单位阶跃信号：

```
>>nume1=[1,2,1];
  dene1=[1,2,2];
  ess1=dcgain(nume1,dene1)
ess1=
  0.5000
```

单位速度信号：

```
>> nume2=[1,2,2];
  dene2=[1,2,2,0];
  ess2=dcgain(nume2,dene2)
ess2=
  Inf
```

■ 3.7 哈勃太空望远镜指向系统设计

图 3-24 所示的哈勃太空望远镜在离地球 611km 的太空轨道上运行，望远镜的直径 2.4m 的镜头拥有光滑的表面，其指向系统能在 644km 以外将视野聚集在一枚硬币上。望远镜的偏差在一次太空任务中得到了校正。

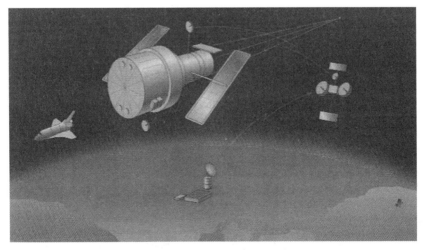

图 3-24　哈勃太空望远镜

哈勃太空望远镜指向系统方框图如图 3-25（a）所示，经简化后的方框图如图 3-25（b）所示。

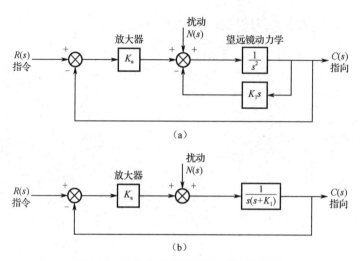

图 3-25　哈勃太空望远镜指向系统方框图

设计目标是通过选择合适的放大器增益 K_a 和具有增益调节作用的测速反馈系数 K_1，使指向系统满足如下性能要求：

（1）在阶跃指令 $R(s)$ 的作用下，系统输出的超调量小于或等于 10%；

（2）在斜坡输入作用下，稳态误差较小；

（3）单位阶跃扰动的影响尽可能小。

解：由图 3-25（b）可知，系统的开环传递函数为

$$G_K(s) = \frac{K_a}{s(s+K_1)} = \frac{K}{s\left(\dfrac{s}{K_1}+1\right)}$$

式中，$K=K_a/K_1$ 为开环增益。

系统在输入与扰动同时作用下的输出为

$$C(s) = \frac{G_K(s)}{1+G_K(s)}R(s) + \frac{G(s)}{1+G_K(s)}N(s)$$

误差为

$$E(s) = \frac{1}{1+G_K(s)}R(s) - \frac{G(s)}{1+G_K(s)}N(s)$$

（1）从满足系统对阶跃输出超调量的要求考虑 K_a 与 K_1 的选取。令

$$G_K(s) = \frac{K_a}{s(s+K_1)} = \frac{\omega_n^2}{s(s+2\zeta\omega_n)}$$

可得

$$\omega_n = \sqrt{K_a}, \quad \zeta = \frac{K_1}{2\sqrt{K_a}}$$

因为

$$\sigma\% = 100e^{-\pi\zeta/\sqrt{1-\zeta^2}}\%$$

解得

$$\zeta = \frac{1}{\sqrt{1+\dfrac{\pi^2}{(\ln\sigma)^2}}}$$

代入相关参数，求出 $\sigma\% = 0.1$，$\zeta = 0.59$，取 $\zeta = 0.6$。因而，在满足 $\sigma\% \leqslant 10\%$ 的条件下，应选

$$K_1 = 2\zeta\sqrt{K_a} = 1.2\sqrt{K_a}$$

（2）从满足斜坡输入作用下的稳态误差要求考虑 K_a 与 K_1 的选取。令 $r(t)=Bt$，可知

$$e_{ssr} = \frac{B}{K} = \frac{BK_1}{K_a}$$

K_a 与 K_1 的选择应满足 $\sigma\% \leqslant 10\%$ 的要求，即

$$K_1 = 1.2\sqrt{K_a}$$

故有

$$e_{ssr} = \frac{1.2B}{\sqrt{K_a}}$$

因此，K_a 应尽可能大。

（3）从减小单位阶跃扰动的影响考虑 K_a 与 K_1 的选取。因为扰动作用下的稳态误差为

$$e_{ssn} = \lim_{s \to 0} sE_n(s) = -\lim_{s \to 0} sC_n(s)$$

$$= -\lim_{s \to 0} s \frac{G(s)}{1+G_K(s)} N(s)$$

$$= -\lim_{s \to 0} s \cdot \frac{1}{s^2 + K_1 s + K_a} \cdot \frac{1}{s}$$

$$= -\frac{1}{K_a}$$

可见，增大 K_a 可以同时减小 e_{ssn} 及 e_{ssr}。

在实际系统中，K_a 的选取必须受到限制，以使系统工作在线性区。

当取 $K_a = 100$ 时，有 $K_1 = 12$，所设计的系统的方框图如图 3-26 所示。

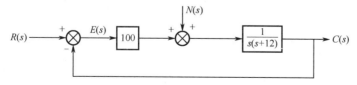

图 3-26 所设计的系统的方框图

系统对单位阶跃输入和单位阶跃扰动的响应曲线如图 3-27 所示。

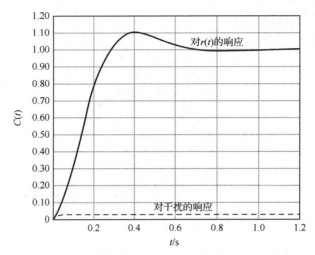

图 3-27　单位阶跃响应曲线和单位扰动响应曲线

可以看出，扰动的影响很小。此时

$$e_{ssr}=0.12,\quad e_{ssn}=-0.01$$

得到了一个很好的系统。

哈勃太空望远镜指向系统设计步骤如下：

（1）分析工程背景及设计要求；

（2）根据 $\sigma\%$ 的要求确定系统需要的阻尼比 ζ；

（3）推导系统的数学模型时，应根据开环传递函数的标准形式，确定 ζ 与待定参数 K_1、K_a 的关系，获得 K_1 与 K_a 应满足的关系式，减少未知量数；

（4）根据系统在斜坡输入作用下，稳态误差较小的要求，导出放大器增益 K_a 的选取原则；

（5）根据减小单位阶跃扰动影响的要求，确定放大器增益 K_a 选取的范围；

（6）K_a 选取：先让系统工作在线性区，再通过 MATLAB 检验系统动态性能，从而确定合适的 K_a 值。

■ 本章小结

1. 时域分析是指直接求解系统在典型输入信号作用下的时间响应，从而可以很直观地分析系统性能的好坏。

2. 时域分析法中常用的典型信号有阶跃函数、斜坡函数和抛物线函数等。在同一系统中，对应不同的输入，其相应的输出响应也不同，但对于线性系统来说，它们所表征系统的性能是一致的。所以时域分析通常以单位阶跃函数作为典型输入信号。

3. 时域性能指标包括动态性能指标和稳态性能指标。动态性能指标有上升时间 t_r、峰值时间 t_p、调节时间 t_s 和超调量 $\sigma_p\%$ 等；稳态性能指标为稳态误差 e_{ss}。

4. 许多自动控制系统，经过参数整定和调整，在动态特性上可以近似为一阶、二阶系统。所以一阶、二阶系统的分析结果，常常可以作为高阶系统分析的基础。

5. 系统的稳定性是指系统受到扰动作用后偏离原来的平衡状态，在扰动作用消失后，经过一段时间能否恢复到原来的平衡状态的性能。系统稳定的充分必要条件：闭环极点全部位于 s 平面的左半平面。系统的稳定性取决于系统的结构参数，系统的稳定性可用劳斯 - 赫尔维茨判据来判别。

6. 系统的稳态误差是重要的性能指标。稳态误差分为由给定信号引起的误差和由干扰信号引起的误差两种。前者根据系统的型别及典型信号的不同，用稳态误差系数求取；后者按扰动稳态误差的定义求取。

7. 利用 MATLAB 软件可以方便、快捷地对系统进行时域分析，包括各类响应曲线的绘制、系统稳定性的判别、系统误差的求取等。

■ 习题

3-1　在时域性能指标中系统的上升时间 t_r、峰值时间 t_p、调节时间 t_s、超调量 $\sigma_p\%$ 和稳态误差 e_{ss} 是怎么定义的？

3-2　若某系统的单位阶跃响应为 $c(t) = 1 - e^{-2t} + e^{-t}$，试求系统的传递函数。

3-3　一阶系统的方框图如图 3-28 所示，其中 K_K 为开环放大系数，K_H 为反馈系数。设 $K_K = 100$，$K_H = 0.1$，试求系统在单位阶跃信号作用下的调节时间（$\Delta = 0.05$）。如果要求调节时间为 0.1s，设开环放大系数不变，试求反馈系数。

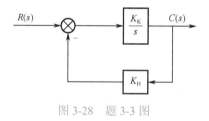

图 3-28　题 3-3 图

3-4　两个系统的传递函数分别为

$$G_1(s) = \frac{2}{2s+1} \qquad G_2(s) = \frac{1}{s+1}$$

当输入信号为 $1(t)$ 时，试说明哪个系统的输出最先达到其稳态值的 63.2%。

3-5　某温度计的动态特性可用一个惯性环节 $1/(Ts+1)$ 来描述。用该温度计测量容器内的水温，发现 1min 后温度计的示值为实际水温的 98%。若给容器加热，使水温以 10℃/min 的速度线性上升，试计算该温度计的稳态指示误差。

3-6　根据阻尼比的不同，二阶系统单位阶跃响应曲线可以分成哪几种情况？各有什么特点？工业控制过程中最常出现的是哪种情况？

3-7　已知单位负反馈控制系统的开环传递函数为

$$G_K(s) = \frac{2}{s(s+3)}$$

求系统在单位阶跃信号作用下的响应。

3-8　系统方框图如图 3-29 所示，（1）求出此系统的闭环传递函数；（2）当 $K_p=1$ 时，试计算闭环系统的特征方程、阻尼比和无阻尼自然振荡频率，以及单位阶跃响应的超调量、峰值时间。

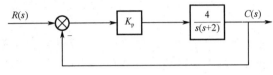

图 3-29 题 3-8 图

3-9 已知单位负反馈控制系统的开环传递函数为

$$G_K(s) = \frac{K}{s(Ts+1)}$$

（1）试确定系统特征参数 ζ、ω_n 与实际参数 K、T 的关系。

（2）当 $K=16$，$T=0.25$ 时，求系统的峰值时间、调节时间和超调量。

（3）欲使超调量为 16%，当 T 不变时，K 应该如何取值？

3-10 已知单位负反馈二阶系统的单位阶跃响应曲线如图 3-30 所示，试确定该系统的开环传递函数。

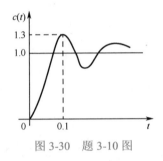

图 3-30 题 3-10 图

3-11 已知系统闭环特征方程为 $3s^4+5s^3+2s^2+2s+1=0$，试判别其稳定性。

3-12 已知系统闭环特征方程如下：

（1）$s^3+3s^2+10s+40=0$

（2）$s^4+8s^3+17s^2+16s+5=0$

（3）$s^4+3s^3+s^2+3s+1=0$

试用劳斯－赫尔维茨判据判断系统的稳定性，再用 MATLAB 软件求其特征根并进行验证。

3-13 已知系统方框图如图 3-31 所示，试求系统稳定时 τ 的取值范围。

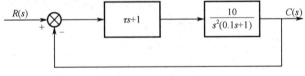

图 3-31 题 3-13 图

3-14 试分析图 3-32 所示的各系统稳定与否，输入撤除后这些系统是衰减还是发散？是否振荡？

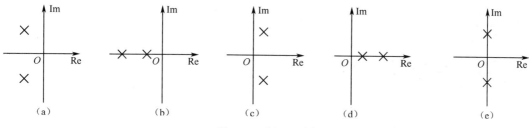

图 3-32 题 3-14 图

3-15 已知单位负反馈系统的开环传递函数为

$$G_K(s) = \frac{5(s+1)}{s^2(0.1s+1)}$$

求 $r(t) = 2 + 4t + 2t^2$ 时系统的稳态误差。

3-16 已知单位负反馈系统的开环传递函数如下,试求系统的稳态位置误差系数 K_p、稳态速度误差系数 K_v 和稳态加速度误差系数 K_a,并确定当输入信号为 $1(t), 5t, t^2$ 和 $1 + 5t + t^2$ 时系统的稳态误差。

(1) $G_K(s) = \dfrac{10}{(0.1s+1)(0.5s+1)}$

(2) $G_K(s) = \dfrac{2}{s(s+1)(0.5s+1)}$

(3) $G_K(s) = \dfrac{8(s+1)}{s^2(0.1s+1)}$

(4) $G_K(s) = \dfrac{5(3s+1)}{s^2(2s+1)(s+2)}$

第4章
控制系统的频域分析法

通常用阶跃输入信号下系统的响应来分析系统的动态性能和稳态性能，有时也用系统对正弦输入信号的响应来分析，但这种响应并不是单看系统对某一个频率下正弦输入信号的瞬态响应，而是考察频率由低到高无数个正弦输入信号作用下所对应的每个输出的稳态响应。因此，这种响应也称频率响应。

频率响应尽管不如阶跃响应直观，但也间接地反映了系统的特性。频域分析法可以用图解的方式分析元件（或系统）的频率特性，元件（或系统）的频率特性还可以用频率特性测试仪测得，因此频域分析法具有很大的实际意义。

■ 4.1 频率特性

4.1.1 频率特性的基本概念

4.1 频率特性

频率特性又称频率响应，是系统（或元件）对不同频率正弦输入信号的响应特性。对线性系统，若其输入信号为正弦量，则其稳态输出响应也将是同频率的正弦量，但是其幅值和相位不同于输入量。若逐次改变输入信号的（角）频率 ω，则输出响应的幅值与相位都会发生变化，如图 4-1 所示。

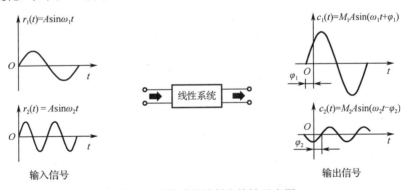

图 4-1 线性系统的频率特性示意图

由图 4-1 可见，若 $r_1(t)=A\sin\omega_1 t$，其输出为 $c_1(t)=A_1\sin(\omega_1 t+\varphi_1)=M_1 A\sin(\omega_1 t+\varphi_1)$，即振幅增加了 M_1 倍，相位超前了 φ_1。若改变频率 ω，使 $r_2(t)=A_2\sin\omega_2 t$，则系统的输出变为 $c_2(t)=A_2\sin(\omega_2 t-\varphi_2)=M_2 A\sin(\omega_2 t-\varphi_2)$，这时输出量的振幅减少了（增加了 M_2 倍，但 $M_2<1$），

相位滞后了 φ_2 角。因此，若以频率 ω 为自变量，以系统输出量振幅增长的倍数 M 和相位的变化量 φ 为两个因变量，便可得到系统的频率特性。

若设输入量为

$$r(t)=A_r \sin\omega t$$

则输出量将为

$$c(t)=A_c \sin(\omega t+\varphi)=MA_r \sin(\omega t+\varphi)$$

在输出表达式中，输出量与输入量的幅值之比称为模，用 M 表示（$M=A_c/A_r$）；输出量与输入量的相位移则用 φ 表示。

一个稳定的线性系统，模 M 和相位移 φ 都是频率 ω 的函数（随 ω 的变化而改变），所以通常写成 $M(\omega)$ 和 $\varphi(\omega)$。这意味着，它们的值对于不同的频率可能是不同的，如图 4-2 所示。

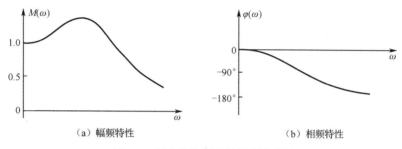

图 4-2 某自动控制系统的频率特性

$M(\omega)$ 称为幅值频率特性，简称幅频特性。

$\varphi(\omega)$ 称为相位频率特性，简称相频特性。

两者统称频率特性或幅相频率特性。

频率特性常用 $G(j\omega)$ 符号表示，幅频特性表示为 $|G(j\omega)|$，相频特性表示为 $\angle G(j\omega)$，三者之间有如下关系：

$$G(j\omega)=|G(j\omega)| \angle G(j\omega) \tag{4-1}$$

4.1.2 频率特性与传递函数的关系

频率特性和传递函数之间存在着密切关系。若系统或元件的传递函数为 $G(s)$，则其频率特性为 $G(j\omega)$。也就是说，只要将传递函数中的复变量 s 用纯虚数 $j\omega$ 代替，就可以得到频率特性。

事实上，频率特性是传递函数的一种特殊情形。由拉氏变换可知，传递函数中的复变量 $s=\sigma+j\omega$。若 $\sigma=0$，则 $s=j\omega$。所以，$G(j\omega)$ 就是 $\sigma=0$ 时的 $G(s)$。

根据频率特性和传递函数之间的这种关系，可以很方便地由传递函数求取频率特性，也可由频率特性求取传递函数，即

$$G(s) = \frac{s \to j\omega}{s \leftarrow j\omega} G(j\omega) \tag{4-2}$$

既然频率特性是传递函数的一种特殊情形，那么传递函数的有关性质和运算规律对频率特性也是适用的。

4.1.3 频率特性的数学式表示法

频率特性是一个复数，和其他复数一样，可以表示为指数形式、直角坐标形式和极坐标形式：

$$G(j\omega) = U(\omega) + jV(\omega)\ (直角坐标表达式) \tag{4-3}$$

$$= |G(j\omega)| \angle G(j\omega)\ (极坐标表达式) \tag{4-4}$$

$$= M(\omega)e^{j\varphi(\omega)}\ (指数表达式) \tag{4-5}$$

频率特性的极坐标图如图 4-3 所示，其中横轴为实轴，标以 Re，纵轴为虚轴，标以 Im。

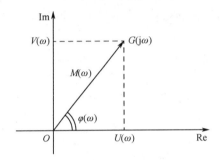

图 4-3　频率特性的极坐标图

在以上各式中，通常称 $U(\omega)$ 为实频特性，$V(\omega)$ 为虚频特性，$M(\omega)$ 为幅频特性，$\varphi(\omega)$ 为相频特性，$G(j\omega)$ 为幅相频率特性。

显然，幅频特性

$$M(\omega) = |G(j\omega)| = \sqrt{U^2(\omega) + V^2(\omega)} \tag{4-6}$$

相频特性

$$\varphi(\omega) = \angle G(j\omega) = \arctan\frac{V(\omega)}{U(\omega)} \tag{4-7}$$

下面以惯性环节为例来分析传递函数与幅相频率特性之间的关系。

已知惯性环节的传递函数为

$$G(s) = \frac{1}{Ts + 1}$$

其频率特性为

$$G(j\omega) = \frac{1}{jT\omega + 1} = \frac{1}{T^2\omega^2 + 1} - j\frac{T\omega}{T^2\omega^2 + 1} = U(\omega) + jV(\omega)$$

由上式并参照式（4-3）、式（4-6）和式（4-7）可得：

实频特性

$$U(\omega) = \frac{1}{T^2\omega^2 + 1}$$

虚频特性

$$V(\omega) = -\frac{T\omega}{T^2\omega^2 + 1}$$

幅频特性

$$M(\omega) = \sqrt{\left(\frac{1}{T^2\omega^2+1}\right)^2 + \left(\frac{-T\omega}{T^2\omega^2+1}\right)^2}$$
$$= \frac{1}{\sqrt{T^2\omega^2+1}}$$

（4-8）

相频特性

$$\varphi(\omega) = \arctan\frac{-T\omega/(T^2\omega^2+1)}{1/(T^2\omega^2+1)} = \arctan(-T\omega)$$

（4-9）

4.1.4　频率特性的图形表示方法

当自动控制系统较为复杂时，其频率特性的数学解析表达式较为烦琐，使用起来非常不便。在工程上常用图形来表示频率特性，常用的方法有两种：幅相频率特性曲线和对数频率特性曲线。

1. 幅相频率特性曲线

在复平面上，一个复数可以用一个点或者一个矢量来表示。幅相频率特性曲线又称为极坐标图或者奈奎斯特图（简称奈氏图）。当绘制幅相频率特性曲线时，把 ω 看作参变量，令 ω 由 0 变到 ∞ 时，在复平面上描绘出 $G(j\omega)$ 的轨迹，就是幅相频率特性曲线。一般要求在轨迹上标出 ω 值和频率变化的方向。

根据频率特性的极坐标表示式

$$G(j\omega) = |G(j\omega)|\ \angle G(j\omega) = M(\omega)\ \angle\varphi(\omega)$$

向量的长度表示复数 $G(j\omega)$ 的幅值 $|G(j\omega)|$，即 $M(\omega)$。由正实轴方向沿逆时针方向绕原点转至向量方向的角度表示复数 $G(j\omega)$ 的相角 $\angle G(j\omega)$，即 $\varphi(\omega)$。

一般而言，手工绘制幅相频率特性曲线较为烦琐。因此大部分情况下不必逐点准确绘图，只要画出简图即可。具体做法：先找出 $\omega=0$ 及 $\omega \to \infty$ 时 $G(j\omega)$ 的位置，以及另外的一两个点或关键点（如转折频率点），再把它们连接起来并标上 ω 的变化情况，就形成幅相频率特性曲线简图。

下面以惯性环节为例来说明幅相频率特性曲线的绘制方法。

已知惯性环节的频率特性为

$$G(j\omega) = \frac{1}{T^2\omega^2+1} - j\frac{T\omega}{T^2\omega^2+1}$$
$$= \frac{1}{\sqrt{T^2\omega^2+1}}\arctan(-T\omega)$$

（4-10）

在绘制幅相频率特性曲线时，先选取几个特殊点（如 $\omega=0$，$\omega=1/T$，$\omega \to \infty$ 等）求得对应的 M 与 φ，再有选择地选取若干个与 ω 数值点对应的 M 与 φ，然后按 ω 由 $0 \to \infty$ 的顺序，绘制出曲线。如对惯性环节：

当 $\omega=0$ 时，$M(\omega)|_{\omega=0}=1$，$\varphi(\omega)|_{\omega=0}=0$；

当 $\omega=1/T$ 时，$M(\omega)|_{\omega=1/T}=1/\sqrt{2}$，$\varphi(\omega)|_{\omega=1/T}=-\pi/4$；

当 $\omega \to \infty$ 时，$M(\omega)|_{\omega \to \infty}=0$，$\varphi(\omega)|_{\omega \to \infty}=-\pi/2$。

接着求取与 $\omega=1/4T$、$1/2T$、$2/T$、$4/T$ 等数值点对应的 M 与 φ，按 ω 由 $0 \to \infty$ 的顺序，画出图 4-4 所示的幅相频率特性曲线。

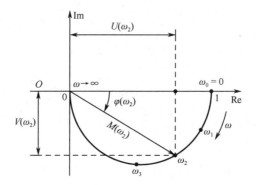

图 4-4　惯性环节的幅相频率特性曲线

不难证明，惯性环节的幅相频率特性曲线正好是一个半圆。

按照同样的方法，可以画出图 4-5 所示常见的二阶、三阶系统的幅相频率特性曲线。

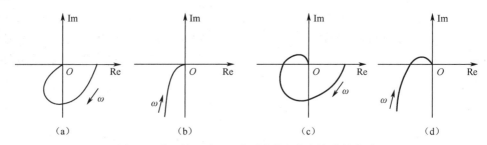

图 4-5　常见的二阶、三阶系统的幅相频率特性曲线

2. 对数频率特性曲线

对数频率特性曲线又称伯德（Bode）图，其优点是不仅易于绘制，而且容易看出参数变化和结构变化对系统性能的影响。因此，对数频率特性曲线在频率特性法中的应用非常广泛。

对数频率特性曲线一般由对数幅频特性曲线和对数相频特性曲线组成。为了能在很宽的范围内描绘频率特性，坐标刻度采用对数化的形式。对数幅频特性曲线中的纵坐标为 $L(\omega)=20\lg|G(j\omega)|=20\lg M(\omega)$，其单位为分贝（dB），采用线性分度；横坐标采用对数分度，表示角频率 ω。对数相频特性曲线中的纵坐标表示频率特性的相角，以度（°）为单位，采用线性分度，横坐标与对数幅频特性曲线相同，用对数分度表示角频率 ω，因而能在极宽的频率范围内，更好地表示系统或元件的低频特性和高频特性。

但要注意的是，在对数频率特性曲线中，常提到频率 ω 倍数的概念。若以 $\lg\omega$ 为横轴，则 $\lg\omega$ 每变化一个单位长度，ω 将变化 10 倍，称之为一个 10 倍频程，记为 decade 或简写为 dec。由于习惯上都以频率 ω 作为自变量，因此将横轴改为对数坐标，标以自变量 ω。这样，横轴对 $\lg\omega$ 将是等分的，对 ω 将是对数的，两者的对应关系参见图 4-6。$L(\omega)$ 与 $M(\omega)$ 的对应关系也可参考图 4-6。

由图 4-6 可见，对数频率特性曲线是画在纵轴为等分坐标、横轴为对数坐标的特殊坐标纸上的。这种坐标纸称为半对数坐标纸，横轴对数坐标的每一个等份称为一级，图 4-7 中横轴有三个相等的等份，因此称为三级半对数坐标纸。

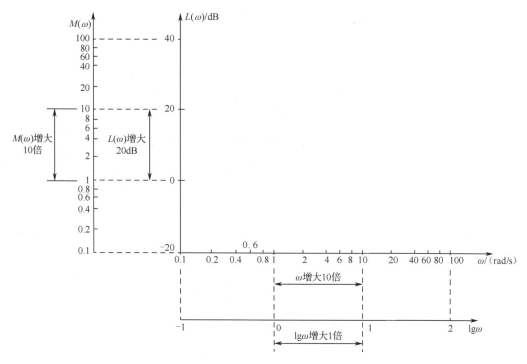

图 4-6　对数频率特性曲线的横坐标和纵坐标对照图

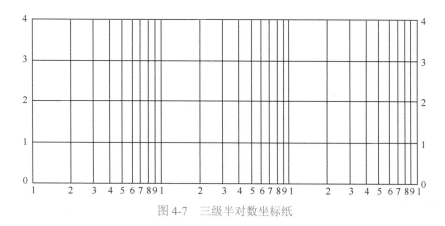

图 4-7　三级半对数坐标纸

在使用对数坐标时要特别注意以下两点：

（1）它是不均匀坐标，是由疏到密周期性变化的。

（2）对数坐标的每一级代表 10 倍频程，即每一个等份的频率差 10 倍，若第一个"1"处为 0.1，则以后的"1"处便分别为 1、10、100、1000 等。

■ 4.2　典型环节的频率特性

4.2 典型环节的
频率特性

　　一个自动控制系统由若干个典型环节组成，现从典型环节的传递函数出发，讨论这些环节的频率特性曲线的绘制及其特点，它们是分析系统频率特性的基础。

1. 比例环节

比例环节的传递函数为

$$G(s)=K$$

则其频率特性为

$$G(j\omega)=K=K \angle 0° \tag{4-11}$$

1）极坐标图（幅相频率特性曲线）

由比例环节的频率特性知，幅频特性 $M(\omega)=K$，相频特性 $\varphi(\omega)=0°$。

从比例环节的频率特性表达式可知，$M(\omega)$ 和 $\varphi(\omega)$ 均为常数，与频率无关。其幅相频率特性曲线是实轴上的一个点 K，如图 4-8 所示。

2）对数频率特性曲线

根据对数频率特性的定义，有

$$L(\omega)=20 \lg M(\omega)=20 \lg K \tag{4-12}$$

$$\varphi(\omega)=0° \tag{4-13}$$

式（4-12）表示一条水平直线，若 K 值增加，则 $L(\omega)$ 直线向上平移。式（4-13）表示一条与 0° 重合的直线，其对数频率特性曲线如图 4-9 所示。

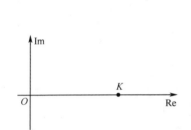

图 4-8　比例环节的幅相频率特性曲线　　图 4-9　比例环节的对数频率特性曲线

2. 积分环节

积分环节的传递函数为

$$G(s) = \frac{1}{s}$$

则其频率特性为

$$G(j\omega) = \frac{1}{j\omega} = \frac{1}{\omega} \angle -90° \tag{4-14}$$

1）极坐标图（幅相频率特性曲线）

根据式（4-14），分析如下：

当 $\omega=0$ 时，$M(\omega) \to \infty$，$\varphi(\omega)=-90°$；

当 $\omega=1$ 时，$M(\omega)=1$，$\varphi(\omega)=-90°$；

当 $\omega \to \infty$ 时，$M(\omega)=0$，$\varphi(\omega)=-90°$。

由以上分析可知，幅频特性 $M(\omega)$ 与 ω 成反比，相频特性 $\varphi(\omega)$ 恒等于 $-90°$。积分环节的幅相频率特性曲线如图 4-10 所示。当频率 ω 从 $0 \to \infty$ 变化时，特性曲线由虚轴的 $-j\infty \to 0$（原点）变化。

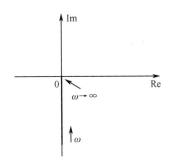

图 4-10　积分环节的幅相频率特性曲线

2）对数频率特性曲线

根据式（4-14）可得积分环节的对数幅频特性为

$$L(\omega) = 20\lg\frac{1}{\omega} = -20\lg\omega \tag{4-15}$$

由于对数频率特性曲线的频率轴是以 $\lg\omega$ 分度的，显然式（4-15）中 $L(\omega)$ 与 $\lg\omega$ 的关系是一条直线，其斜率为 -20dB/dec，并且经过点 (1,0)。

对数相频特性为

$$\varphi(\omega) = -90° \tag{4-16}$$

它是一条平行于 ω 轴的直线，位于 -90° 处。积分环节的对数频率特性曲线如图 4-11 所示。

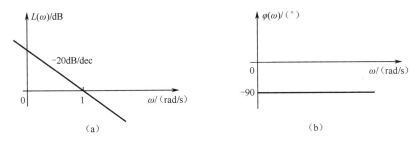

图 4-11　积分环节的对数频率特性曲线

3. 微分环节

微分环节的传递函数为

$$G(s) = s$$

则其频率特性为

$$G(j\omega) = j\omega = \omega \angle +90° \tag{4-17}$$

1）极坐标图（幅相频率特性曲线）

根据式（4-17）可知

$$M(\omega) = \omega \tag{4-18}$$

$$\varphi(\omega) = +90° \tag{4-19}$$

当 ω 从 $0 \rightarrow \infty$ 时，$M(\omega)$ 从 $0 \rightarrow \infty$，$\varphi(\omega) = +90°$，微分环节的幅相频率特性曲线如图 4-12 所示，特性曲线与正虚轴重合。

2）对数频率特性曲线

由式（4-18）可得微分环节的对数幅频特性为

$$L(\omega)=20\lg\omega \qquad (4\text{-}20)$$

可见，$L(\omega)$ 与 $\lg\omega$ 呈直线关系，其斜率为 20dB/dec，并且与 0dB 线（ω 轴）相交于 $\omega=1$ 点。对数相频特性为

$$\varphi(\omega)=+90°$$

它是一条与 ω 轴平行的直线，位于 +90° 处。微分环节的对数频率特性曲线如图 4-13 所示。

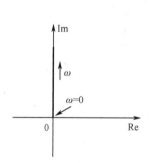

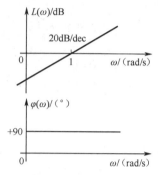

图 4-12　微分环节的幅相频率特性曲线　　图 4-13　微分环节的对数频率特性曲线

4. 惯性环节

惯性环节的传递函数为

$$G(s)=\frac{1}{Ts+1}$$

则其频率特性为

$$G(j\omega)=\frac{1}{1+jT\omega}=\frac{1}{\sqrt{(T\omega)^2+1}}\angle-\arctan(T\omega) \qquad (4\text{-}21)$$

1）极坐标图（幅相频率特性曲线）

根据式（4-21），给定一个频率 ω，可求得对应的 $M(\omega)$ 和 $\varphi(\omega)$，便可画出一个点。通常，

当 $\omega=0$ 时，$M(\omega)=1$，$\varphi(\omega)=0$；

当 $\omega=1/T$ 时，$M(\omega)=1/2$，$\varphi(\omega)=-45°$；

当 $\omega\to\infty$ 时，$M(\omega)=0$，$\varphi(\omega)=-90°$。

根据上述各点，便可得到该环节的 ω 从 $0\to\infty$ 的幅相频率特性曲线，如图 4-14 所示。

因极坐标与直角坐标有着对应关系，上述绘制过程也可以在直角坐标中表示。即

$$G(j\omega)=|G(j\omega)|\angle G(j\omega)=U(\omega)+jV(\omega) \qquad (4\text{-}22)$$

根据式（4-22），式（4-21）的频率特性可表示为

$$G(j\omega)=\frac{1}{1+jT\omega}=\frac{1}{(T\omega)^2+1}+j\frac{-T\omega}{(T\omega)^2+1}=U(\omega)+jV(\omega)$$
$$\qquad (4\text{-}23)$$

当 $\omega=0$ 时，$U(\omega)=1$，$V(\omega)=0$；

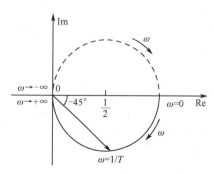

图 4-14　惯性环节的幅相频率特性曲线

当 $\omega=1/T$ 时，$U(\omega)=1/2$，$V(\omega)=-1/2$；

当 $\omega\to\infty$ 时，$U(\omega)=0$，$V(\omega)=0$。

当 ω 从 $0\to\infty$ 变化时，$U(\omega)$ 和 $V(\omega)$ 做相应变化，同样可得到图 4-14 所示的幅相频率特性曲线。

可以证明，当 ω 从 $0\to\infty$ 时，惯性环节的幅相频率特性曲线是一个以 $(1/2, j0)$ 为圆心，以 1/2 为半径的半圆。从数学的角度看，可令 ω 从 $-\infty\to+\infty$，则该曲线为一个圆。即

$$\left(U-\frac{1}{2}\right)^2+(V-0)^2=\left(\frac{1}{2}\right)^2 \tag{4-24}$$

如图 4-14 所示,用虚线表示 ω 从 $-\infty\to0$ 的曲线,由于 ω 为负,因此已无实际物理意义。

2）对数频率特性曲线

根据式（4-21）可知，惯性环节的对数幅频特性和对数相频特性为

$$L(\omega) = 20\lg\frac{1}{\sqrt{(T\omega)^2+1}} = -20\lg\sqrt{(T\omega)^2+1} \tag{4-25}$$

$$\varphi(\omega) = -\arctan(T\omega) \tag{4-26}$$

式（4-25）表示惯性环节的对数幅频特性曲线是一条曲线，若采用逐点描绘法将很烦琐，常采用分段直线的近似绘制方法。即先作出 $L(\omega)$ 的渐近线，再根据特殊点（如 $\omega=1/T$）的数值，进行最大误差处的修正，便可得到该环节的较精确的特性曲线。通常采用三个频率段的方法。

（1）低频段。当 $\omega\ll1/T$，即 $T\omega\ll1$ 时，可忽略 $(T\omega)^2$，即认为 $(T\omega)^2\approx0$，于是有

$$L(\omega) = -20\lg\sqrt{(T\omega)^2+1} = 0\,（\mathrm{dB}）$$

（2）高频段。当 $\omega\gg1/T$，即 $T\omega\gg1$ 时，可忽略 1，有

$$L(\omega) = -20\lg\sqrt{(T\omega)^2+1} \approx -20\lg\sqrt{(T\omega)^2}$$
$$= -20\lg(T\omega)\,（\mathrm{dB}）$$

（3）交界频率段。交界频率又称转折频率，即高频段与低频段的交接处。当 $\omega=1/T$，即 $T\omega=1$ 时，认为 $L(\omega)\approx0\mathrm{dB}$。

惯性环节的实际 $L(\omega)$ 曲线与近似绘制的曲线存在一定的误差，不同（角）频率时的误差如表 4-1 所示，在 $\omega=1/T$ 时，出现最大误差，即

$$L(\omega) = -20\lg\sqrt{1+1} = -3\,（\mathrm{dB}）$$

表 4-1　惯性环节对数频率特性误差修正表

$T\omega$	0.1	0.25	0.5	1.0	2	2.5	10
$L(\omega)$ 误差 / dB	-0.04	-0.32	-1.0	-3.0	-1.0	-0.65	-0.04
$\varphi(\omega)$/（°）	-5.7	-14.0	-26.6	-45	-63.4	-68.2	-89.4

式（4-26）为惯性环节的对数相频特性，为便于计算，可做如下近似处理：

当 $\omega\ll1/T$ 时，取 $\varphi(\omega)=0°$；

当 $\omega\gg1/T$ 时，取 $\varphi(\omega)=-90°$；

当 $\omega=1/T$ 时，$\varphi(\omega)=-45°$。

惯性环节的对数频率特性曲线如图 4-15 所示。

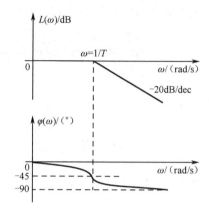

图 4-15　惯性环节的对数频率特性曲线

5. 一阶微分环节

一阶微分环节的传递函数为

$$G(s)=Ts+1$$

则其频率特性为

$$G(\mathrm{j}\omega)=1+\mathrm{j}T\omega=\sqrt{(T\omega)^2+1}\angle\arctan(T\omega) \tag{4-27}$$

1）极坐标图（幅相频率特性曲线）

一阶微分环节的幅相频率特性曲线由复平面上的点 $(1,\mathrm{j}0)$ 出发，平行于虚轴，随 ω 从 $0\to\infty$ 而逐渐向上直到 $+\infty$ 处，如图 4-16 所示。

2）对数频率特性曲线

由式（4-27）知，一阶微分环节的对数幅频特性为

$$L(\omega)=20\lg\sqrt{(T\omega)^2+1} \tag{4-28}$$

对数相频特性为

$$\varphi(\omega)=\arctan(T\omega) \tag{4-29}$$

一阶微分环节的对数频率特性曲线如图 4-17 所示。

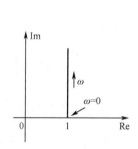

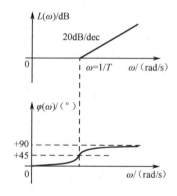

图 4-16　一阶微分环节的幅相频率特性曲线　　　图 4-17　一阶微分环节的对数频率特性曲线

6. 振荡环节（二阶环节）

振荡环节的传递函数为

$$G(s) = \frac{1}{T^2 s^2 + 2\zeta T s + 1} = \frac{\omega_n^2}{s^2 + 2\zeta\omega_n s + \omega_n^2}$$

式中，T 为时间常数；$\omega_n = 1/T$，为无阻尼自然振荡频率。

则其频率特性为

$$
\begin{aligned}
G(j\omega) &= \frac{1}{T^2(j\omega)^2 + 2\zeta(j\omega)T + 1} \\
&= \frac{1}{1-(T\omega)^2 + 2\zeta T\omega} \\
&= M(\omega)\angle\varphi(\omega)
\end{aligned}
\tag{4-30}
$$

式中

$$M(\omega) = \frac{1}{\sqrt{[1-(T\omega)^2]^2 + (2\zeta T\omega)^2}} \tag{4-31}$$

$$\varphi(\omega) = -\arctan\frac{2\zeta T\omega}{1-(T\omega)^2} \tag{4-32}$$

1）极坐标图（幅相频率特性曲线）

根据式（4-30），设典型二阶系统的阻尼比 ζ 为参变量，ω 从 $0 \to \infty$ 时，计算对应的 $M(\omega)$ 和 $\varphi(\omega)$ 值，如：

当 $\omega=0$ 时，$M(\omega)=1$，$\varphi(\omega)=0°$；

当 $\omega=\omega_n=1/T$ 时，$M(\omega)=1/2\zeta$，$\varphi(\omega)=-90°$；

当 $\omega \to \infty$ 时，$M(\omega)=0$，$\varphi(\omega)=-180°$。

即可绘制振荡环节的幅相频率特性曲线，如图 4-18 所示。由图 4-18 可见，特性曲线起源于点 (1,j0)。当 $\omega=\omega_n=1/T$ 时，$G(j\omega_n)=1/2\zeta \angle -90°$，此时特性曲线正好与负虚轴相交，且 ζ 值越小，$M(\omega)$ 值越大，曲线离原点越远。随着 ω 的增加，特性曲线以 $-180°$ 的角度趋向于原点。

2）对数频率特性曲线

由式（4-31）可得振荡环节的对数幅频特性为

$$L(\omega) = -20\lg\sqrt{[1-(T\omega)^2]^2 + (2\zeta T\omega)^2} \tag{4-33}$$

也采用近似方法绘制如下各段：

（1）低频段。当 $\omega \ll \omega_n$，即 $T\omega \ll 1$ 时，$L(\omega) \approx -20\lg1 = 0$（dB），即振荡环节低频段的渐近线也是一条 0dB 线。

（2）高频段。当 $\omega \gg \omega_n$，即 $T\omega \gg 1$ 时，$L(\omega) \approx -20\lg\omega^2 T^2 = -40\lg(T\omega)$，$L(\omega)$ 是一条斜率为 -40dB/dec 的直线。

（3）交界频率段。当 $\omega=\omega_n=1/T$ 时，高、低频段两直线在此相交。

振荡环节的对数频率特性曲线如图 4-19 所示。

用渐近线代替实际 $L(\omega)$ 曲线，在交界频率处有

$$L(\omega) = -20\lg(2\zeta) \tag{4-34}$$

由式（4-34）可见，在 $\omega=\omega_n=1/T$ 附近，其误差大小与 ζ 有关，ζ 越小，误差越大。按式（4-34）计算，结果列于表 4-2 中。

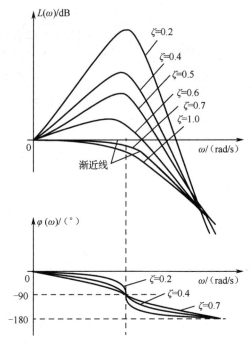

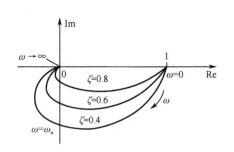

图 4-18 振荡环节的幅相频率特性曲线　　　图 4-19 振荡环节的对数频率特性曲线

表 4-2 振荡环节对数频率特性误差修正表

ζ	0.1	0.2	0.4	0.5	0.6	0.7	0.8	1.0
$L(\omega)$ 误差 /dB	+14	+8	+2	0	-1.6	-3.0	-4.0	-6.0

由表 4-2 可知，当 $0.4<\zeta<0.7$ 时，误差小于 3dB；当 $\zeta<0.4$ 或 $\zeta>0.7$ 时，误差较大，应当进行修正。当 $\zeta<0.707$ 时，对数幅频特性曲线在 $\omega=\omega_n=1/T$ 附近将出现峰值。对数相频特性曲线由式（4-32）确定，分析可得：

当 $\omega=0$ 时，$\varphi(\omega)=0°$；

当 $\omega=\omega_n=1/T$ 时，$\varphi(\omega)=-90°$；

当 $\omega\to\infty$ 时，$\varphi(\omega)=-180°$。

对数相频特性曲线也因阻尼比 ζ 值的不同而不同，如图 4-19 所示。

■ 4.3　系统的开环频率特性

4.3.1　系统的开环幅相频率特性

4.3.1 系统的开环频率特性
（极坐标图的绘制）

1. 绘制系统的开环幅相频率特性曲线（极坐标图）的原理

一个单位负反馈系统，其开环传递函数 $G_K(s)$ 为回路中各串联环节传递函数之积，即

$$G_K(s) = G_1(s)G_2(s)\cdots G_n(s) = \prod_{i=1}^{n} G_i(s)$$

则其开环频率特性为

$$G_K(j\omega) = \prod_{i=1}^{n} G_i(j\omega) = \prod_{i=1}^{n} M_i(\omega) \cdot e^{j\sum_{i=1}^{n} \varphi_i(\omega)}$$

故可得其开环幅频特性

$$M(\omega) = \prod_{i=1}^{n} M_i(\omega) \tag{4-35}$$

开环相频特性

$$\varphi(\omega) = \sum_{i=1}^{n} \varphi_i(\omega) \tag{4-36}$$

2. 绘制系统的开环幅相频率特性曲线举例

例 4.1　设某系统的开环传递函数为

$$G_K(s) = \frac{10}{(s+1)(2s+1)}$$

试绘制该系统的开环幅相频率特性曲线。

解：系统的开环幅相频率特性曲线如图 4-20 所示。

例 4.2　某系统的开环传递函数为

$$G_K(s) = \frac{10}{s(2s+1)}$$

试绘制该系统的开环幅相频率特性曲线。

解：该系统的开环幅相频率特性曲线，如图 4-21 所示。

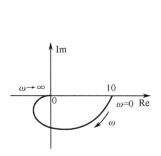

图 4-20　例 4.1 开环幅相频率特性曲线

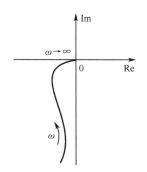

图 4-21　例 4.2 开环幅相频率特性曲线

例 4.3　某系统的开环传递函数为

$$G_K(s) = \frac{K(T_1 s + 1)}{s^2(T_2 s + 1)}, \quad T_1 > T_2$$

绘制系统的开环幅相频率特性曲线。

解：该系统的开环幅相频率特性曲线，如图 4-22 所示。

3. 绘制开环幅相频率特性曲线的一般规律

设系统开环传递函数的一般形式为

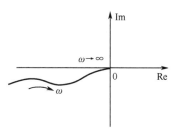

图 4-22　例 4.3 开环幅相频率特性曲线

$$G_K(s) = \frac{b_m s^m + b_{m-1} s^{m-1} + \cdots + b_1 s + b_0}{a_n s^n + a_{n-1} s^{n-1} + \cdots + a_1 s + a_0}$$

$$= \frac{K(\tau_1 s + 1)(\tau_2 s + 1) \cdots (\tau^2 s^2 + 2\zeta \tau s + 1) \cdots}{s^\nu (T_1 s + 1)(T_2 s + 1) \cdots (T^2 s^2 + 2\zeta T s + 1) \cdots}$$

式中，$n>m$，ν 为积分环节的个数；τ 为微分环节的时间常数；T 为惯性环节的时间常数。为简单起见，此处开环传递函数未考虑更复杂的环节，如二阶以上的环节等。

上述系统的开环频率特性为

$$G_K(j\omega) = \frac{K(j\tau_1\omega + 1)(j\tau_2\omega + 1) \cdots [(j\tau\omega)^2 + j2\zeta\tau\omega + 1] \cdots}{(j\omega)^\nu (jT_1\omega + 1)(jT_2\omega + 1) \cdots [(jT\omega)^2 + j2\zeta T\omega + 1] \cdots} \tag{4-37}$$

1）开环幅相频率特性曲线的起点

当 $\omega \to 0$ 时，$G_K(j\omega)$ 为特性曲线的起点。由式（4-37）可得

$$\lim_{\omega \to 0} G_K(j\omega) = \lim_{\omega \to 0} \frac{K}{(j\omega)^\nu} = \lim_{\omega \to 0} \frac{K}{\omega^\nu} \angle -\nu \times 90° \tag{4-38}$$

由于对不同的 ν 值，特性曲线的起点将来自极坐标轴的 4 个不同的方向，如图 4-23 所示。式（4-38）表明，开环幅相频率特性曲线的起点只与系统开环放大系数 K、积分环节个数 ν 有关，而与惯性环节、微分环节、振荡环节等无关。通常依据积分环节个数 ν 将开环系统定义成如下型别：

（1）0 型系统，$\nu=0$，开环幅相频率特性曲线起始于点 K 处；

（2）Ⅰ型系统，$\nu=1$，开环幅相频率特性曲线起始于 $-90°$ 处（负虚轴的 ∞ 处）；

（3）Ⅱ型系统，$\nu=2$，开环幅相频率特性曲线起始于 $-180°$ 处（负实轴的 ∞ 处）；

（4）Ⅲ型系统，$\nu=3$，开环幅相频率特性曲线起始于 $-270°$ 处（正实轴的 ∞ 处）。

2）开环幅相频率特性曲线的终点（见图 4-24）

当 $\omega \to \infty$，$G_K(j\omega)$ 为特性曲线的终点。由式（4-37）可得

$$\lim_{\omega \to \infty} G_K(j\omega) = \lim_{\omega \to \infty} \frac{\dfrac{b_m}{a_n}}{(j\omega)^{n-m}}$$

$$= \lim_{\omega \to \infty} \frac{\dfrac{b_m}{a_n}}{\omega^{n-m}} \angle -90°(n-m) \tag{4-39}$$

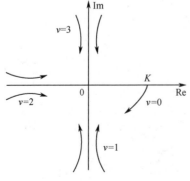

图 4-23　开环幅相频率特性曲线的起点

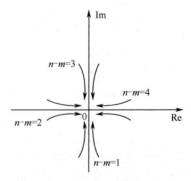

图 4-24　开环幅相频率特性曲线的终点

例 4.4　设某系统的开环传递函数为

$$G_{\mathrm{K}}(s) = \frac{250(s+1)}{s^2(s+5)(s+10)}$$

试绘制系统的开环幅相频率特性曲线。

解：系统的开环幅相频率特性曲线如图 4-25 所示。

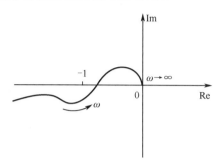

图 4-25　例 4.4 系统的开环幅相频率特性曲线

4.3.2　系统的开环对数频率特性

系统的开环对数幅频特性和对数相频特性分别等于该系统各个典型环节的对数幅频特性之和与对数相频特性之和。绘制系统的开环对数幅频和对数相频特性曲线时，可先画出各个典型环节的对数幅频和对数相频特性曲线，再将各个典型环节的曲线在纵轴方向上进行叠加，即可得到所求系统的开环对数频率特性曲线（伯德图）。

4.3.2 系统的开环对数频率特性（伯德图的绘制）

系统的开环对数幅频特性为

$$L(\omega) = 20 \lg M(\omega) = 20 \prod_{i=1}^{n} M_i(\omega)$$

$$= 20 \sum_{i=1}^{n} \lg M_i(\omega) = \sum_{i=1}^{n} L_i(\omega) \tag{4-40}$$

系统的开环对数相频特性为

$$\varphi(\omega) = \sum_{i=1}^{n} \varphi_i(\omega) \tag{4-41}$$

例 4.5　已知某系统的开环传递函数为

$$G_{\mathrm{K}}(s) = \frac{10}{(s+1)(0.2s+1)}$$

试绘制系统的开环对数频率特性曲线。

解：由传递函数知，系统的开环频率特性为

$$G_{\mathrm{K}}(j\omega) = \frac{10}{(j\omega+1)(j0.2\omega+1)}$$

对数幅频特性为

$$L(\omega) = 20\lg|G_K(j\omega)|$$
$$= 20\lg10 - 20\lg\sqrt{1+\omega^2} - 20\lg\sqrt{1+(0.2\omega)^2}$$
$$= L_1(\omega) + L_2(\omega) + L_3(\omega)$$

对数相频特性为

$$\varphi(\omega) = 0° - \arctan\omega - \arctan(0.2\omega) = \varphi_1(\omega) + \varphi_2(\omega) + \varphi_3(\omega)$$

由以上两式可以画出系统的开环对数幅频和对数相频特性曲线，即系统的开环对数频率特性曲线，如图 4-26 所示。

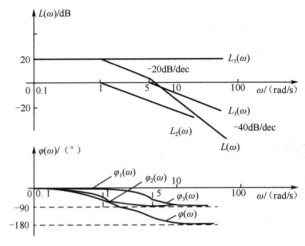

图 4-26　例 4.5 系统的开环对数频率特性曲线

例 4.6　已知某系统的开环传递函数为

$$G_K(s) = \frac{5}{s(0.1s+1)}$$

试绘制其开环对数频率特性曲线。

解：该系统是由一个比例环节、一个积分环节、一个惯性环节串联组成的，其开环频率特性为

$$G_K(j\omega) = \frac{5}{j\omega(j0.1\omega+1)}$$

对数幅频特性为

$$L(\omega) = 20\lg5 - 20\lg\omega - 20\lg\sqrt{1+(0.1\omega)^2}$$
$$= L_1(\omega) + L_2(\omega) + L_3(\omega)$$

对数相频特性为

$$\varphi(\omega) = 0° - 90° - \arctan(0.1\omega) = \varphi_1(\omega) + \varphi_2(\omega) + \varphi_3(\omega)$$

系统的开环对数频率特性曲线如图 4-27 所示。

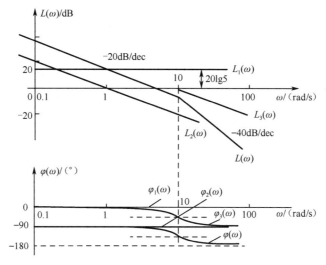

图 4-27　例 4.6 系统的开环对数频率特性曲线

例 4.7　已知某系统的开环传递函数为

$$G_{\mathrm{K}}(s)=\frac{10(0.5s+1)}{s(s+1)(0.05s+1)}$$

试绘制该系统的对数频率特性曲线，并求出 $\omega=\omega_{\mathrm{c}}$ 时的相角 $\varphi(\omega_{\mathrm{c}})$。

解：由系统的开环传递函数可知，该系统由一个比例环节、一个积分环节、一个一阶微分环节和两个惯性环节组成。

（1）其交界频率为

$$\omega_1=\frac{1}{1}=1（\mathrm{rad/s}）$$

$$\omega_2=\frac{1}{0.5}=2（\mathrm{rad/s}）$$

$$\omega_3=\frac{1}{0.05}=20（\mathrm{rad/s}）$$

（2）在 $\omega=1$ 时，有 $L(\omega)=20\lg K=20\lg 10=20$（dB）；

（3）在 $\omega=\omega_1=1$ 时，由于惯性环节 $1/(s+1)$ 的作用，对数幅频特性曲线的斜率由 $-20\mathrm{dB/dec}$ 变为 $-40\mathrm{dB/dec}$。

（4）在 $\omega=\omega_2=2$ 时，由于一阶微分环节（$0.5s+1$）的作用，对数幅频特性曲线的斜率由 $-40\mathrm{dB/dec}$ 变为 $-20\mathrm{dB/dec}$。

（5）在 $\omega=\omega_3=20$ 时，由于惯性环节 $1/(0.05s+1)$ 的作用，对数幅频特性曲线的斜率由 $-20\mathrm{dB/dec}$ 变为 $-40\mathrm{dB/dec}$。该系统的开环对数幅频特性曲线如图 4-28 所示。

（6）开环对数相频特性为

$$\varphi(\omega)=-90°+\arctan(0.5\omega)-\arctan\omega-\arctan(0.05\omega)$$

绘制开环对数相频特性曲线，如图 4-28 所示。

（7）求解穿越频率 ω_{c}。

方法 1：在 $\omega_1\sim\omega_2$ 那段特性曲线之间，由于渐近线的特性，其斜率为 $-40\mathrm{dB/dec}$，有

$$\frac{20\lg K' - 20\lg10}{\lg2 - \lg1} = -40 \ (\text{dB/dec})$$

得 $K' = 2.5$。

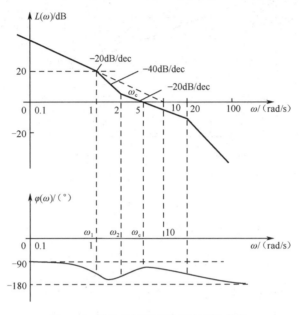

图 4-28 系统的开环对数频率特性曲线

同理，在 $\omega_2 \sim \omega_c$ 那段特性曲线之间，其斜率为 -20dB/dec，有

$$\frac{0 - 20\lg2.5}{\lg\omega_c - \lg2} = -20 \ (\text{dB/dec})$$

解得 $\omega_c = 5\text{rad/s}$。

方法 2：因为 $L(\omega_c) = 0\text{dB}$ 或 $M(\omega_c) = 1$，同时，考虑到 $\omega_c > \omega_1$、$\omega_c > \omega_2$ 及 $\omega_c < \omega_3$，即 ω_c 对于 ω_1 和 ω_2 来说属高频段，一阶微分和惯性环节 1 取高频近似直线；ω_c 对于 ω_3 来说属低频段，惯性环节 2 取低频近似直线。所以

$$M(\omega_c) = \frac{10\sqrt{(0.5\omega_c)^2 + 0}}{\omega_c\sqrt{\omega_c + 0} \cdot \sqrt{0 + 1}} = 1$$

解得 $\omega_c = 5\text{rad/s}$。

（8）求相角 $\varphi(\omega_c)$。

$$\varphi(\omega_c) = -90° + \arctan(0.5×5) - \arctan5 - \arctan(0.05×5) = -114.5°$$

绘制系统开环对数频率特性曲线的步骤如下：

（1）由系统开环传递函数求出各典型环节的交界频率（转折频率），并按从低到高的次序排列；

（2）当 $\omega = 1$ 时，曲线高度为 $L(\omega) = 20\lg K$（若第一个交界频率 $\omega_1 < 1$，则为其延长线）；

（3）根据 $\omega = 1$，$L(\omega) = 20\lg K$ 的点，绘制斜率为 $-20v\text{dB/dec}$ 的低频段直线（渐近线）；

（4）在 ω 轴上，ω 从小到大，每遇到一个典型环节，其频率特性曲线的斜率就改变一次。

■ 4.4 奈奎斯特稳定判据

奈奎斯特稳定判据（奈氏稳定判据）是根据闭环控制系统的开环频率响应判断闭环系统稳定性的准则。控制系统在断开反馈环节后的频率响应称为开环频率响应。奈奎斯特稳定判据本质上是一种图解分析方法，且开环频率响应容易通过计算或实验途径得出，所以它在应用上非常方便。奈奎斯特稳定判据只能用于线性定常系统。

4.4 奈奎斯特稳定
判据

4.4.1 奈氏稳定判据

奈氏稳定判据：设系统有 P 个开环极点在 s 平面的右半平面，当 ω 从 $-\infty \rightarrow +\infty$ 时，若奈氏曲线（幅相频率特性曲线）绕 $G(j\omega)H(j\omega)$ 平面 $(-1, j0)$ 点 N 圈（逆时针），则系统有 $Z=P-N$ 个闭环极点在 s 平面的右半平面。当 $Z=0$ 时，系统稳定；当奈氏曲线通过 $(-1, j0)$ 点时，系统临界稳定，如图 4-29 所示。

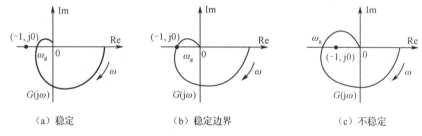

（a）稳定　　　　　　（b）稳定边界　　　　　　（c）不稳定

图 4-29　用奈氏稳定判据判断闭环系统的稳定性

使用奈氏稳定判据可以方便地判断系统的稳定性，但在实际应用中，还需要说明以下几点：

（1）若开环传递函数有正极点，且个数为 P。闭环系统稳定的充要条件是，奈氏曲线 $G_K(j\omega)$，当 ω 从 $-\infty$ 变化到 $+\infty$ 时，逆时针包围点 $(-1, j0)$ 的圈数 $N=P$；否则系统不稳定。

（2）若开环传递函数无正极点，即个数 $P=0$。闭环系统稳定的充要条件是，奈氏曲线 $G_K(j\omega)$，当 ω 从 $-\infty$ 变化到 $+\infty$ 时，不包围点 $(-1, j0)$，即圈数 $N=0$；否则系统不稳定。

用式子 $Z=P-N$ 表示，要使闭环系统稳定，必须有 $Z=0$。

注：逆时针时圈数取"正"，顺时针时圈数取"负"。

例 4.8　某单位反馈系统，开环传递函数为

$G_K(s)=\dfrac{2}{s-1}$，试用奈氏稳定判据判别系统的稳定性。

解：由系统的开环传递函数可知，系统的开环频率特性为 $G(j\omega)=2/(j\omega-1)$，系统的奈氏图（幅相频率特性曲线）如图 4-30 所示。

由开环传递函数可知，有一个正极点，即 $P=1$；ω 从 $0 \rightarrow \infty$ 时，逆时针包围点 $(-1, j0)$ 一圈，即 $N=1$。$Z=P-N=0$，所以系统稳定。

例 4.9　已知某系统开环传递函数为

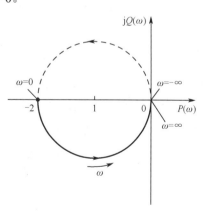

图 4-30　例 4.8 系统的奈氏图

$$G(s) = \frac{10}{s(-0.2s^2 - 0.8s + 1)}$$

试用奈氏稳定判据判断系统的稳定性。

解：由系统的开环传递函数可知，系统的开环频率特性为

$$G(j\omega) = \frac{-10[0.8\omega - j(1 + 0.2\omega^2)]}{\omega(1 + \omega^2)(1 + 0.04\omega^2)}$$

$$\lim_{\omega \to 0} G(j\omega) = \infty \angle -270°$$

$$\lim_{\omega \to \infty} G(j\omega) = 0 \angle -270°$$

$$\lim_{\omega \to 0} \text{Re}[G(j\omega)] = -8$$

系统的奈氏图如图 4-31 所示。用奈氏稳定判据分析可知：$Z = P - 2N = 2$，表明系统闭环不稳定。

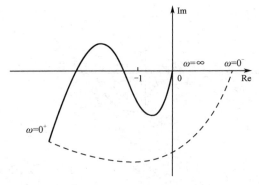

图 4-31　例 4.9 系统的奈氏图

4.4.2　对数频率特性曲线上的表述

奈氏稳定判据是在奈氏图的基础上进行的，而作奈氏图一般都比较麻烦，所以在工程上一般采用系统的开环对数频率特性来判别闭环系统的稳定性，这就是对数频率判据。它实质上是奈氏稳定判据在对数频率特性曲线上的表示形式。

对数频率特性曲线与奈氏图有下列对应关系（见图 4-32）。

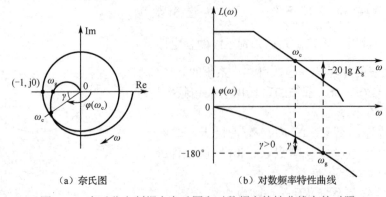

（a）奈氏图　　　　　　　　　（b）对数频率特性曲线

图 4-32　奈氏稳定判据在奈氏图和对数频率特性曲线上的对照

（1）奈氏图上以原点为圆心的单位圆对应于对数频率特性曲线上的 0dB 线（$M(\omega)=1$ 时，$L(\omega)=0$）。$L(\omega)$ 在 ω_c 处穿越 0dB 线，因此 ω_c 又称为穿越频率。

（2）奈氏图上的负实轴对应于对数频率特性曲线上的 $\varphi(\omega)=-180°$ 线。这样，奈氏图上的点 $(-1, j0)$ 便和对数频率特性曲线上的 0dB 线及 $-180°$ 线对应起来。

■ 4.5　稳定裕量和系统的相对稳定性

稳定裕量表示系统相对稳定的程度，即系统的相对稳定性，当系统的开环幅相频率特性曲线比较靠近但还不包围点 $(-1, j0)$ 时，虽然从理论上讲，该系统是稳定的，而实际上，系统可能已经不稳定了。为了确保系统的稳定，就需要使系统的开环幅相频率特性曲线与点 $(-1, j0)$ 离开一定的距离，这就是稳定裕量。它通常用相位稳定裕量和增益稳定裕量来表示。

4.5 稳定裕量和系统的相对稳定性

4.5.1　相位稳定裕量

在奈氏图上作一个单位圆，$G_K(j\omega)$ 与此单位圆的交点对应的频率称为穿越频率 ω_c（又称剪切频率，可以由式 $M(\omega_c)=1$ 来定义）。从圆心至此交点作一条射线，负实轴与这条直线的夹角 γ 就是相位稳定裕量，如图 4-33 所示。

由图 4-33 可见，相位稳定裕量可定义为

$$\gamma=\varphi(\omega_c)-(-180°)=180°+\varphi(\omega_c) \qquad (4\text{-}42)$$

由上述定义可见，当 $\omega=\omega_c$ 时，$M(\omega_c)=1$，此式表明幅相频率特性的模等于 1 时的频率称为穿越频率，这时的相角 $\varphi(\omega_c)$ 离边界条件（$-180°$）的"距离"就是相位稳定裕量 γ。

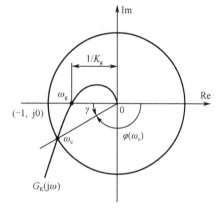

图 4-33　系统的相位稳定裕量和增益稳定裕量

若 $\gamma>0$，则表明 $G_K(j\omega)$ 未包围点 $(-1, j0)$，系统是稳定的。γ 越大，则表示系统离稳定边界越远，系统稳定性越好，工作越可靠。

若 $\gamma=0$，则系统的 $G_K(j\omega)$ 穿过点 $(-1, j0)$，系统处于稳定边界。

若 $\gamma<0$，则表明系统的 $G_K(j\omega)$ 已包围点 $(-1, j0)$，系统是不稳定的。

4.5.2　增益稳定裕量

在奈氏图上，$G_K(j\omega)$ 与负实轴的交点对应的频率为 ω_g，称为交界频率。在 $\omega=\omega_g$ 时，$G_g(j\omega)$ 的模为 $|G_K(j\omega)||\omega=\omega_g$，即 $M(\omega_g)$ 越小，表示离稳定边界越远，稳定性越好。所以，以边界条件（边界幅值）1 与 $M(\omega_g)$ 之比来定义增益稳定裕量 K_g，即

$$K_g = \frac{1}{M(\omega_g)} = \frac{1}{|G_K(j\omega_g)|} \qquad (4\text{-}43)$$

由上述定义可见，$\varphi(\omega_g)=-180°$。这时的模 $M(\omega_g)$ 比"1"越小，则离稳定边界越远。

若 $K_g>1$，即 $M(\omega_g)<1$，则表明 $G_K(j\omega)$ 未包围点 $(-1, j0)$，系统是稳定的。若 K_g 越大，

则表明 $M(\omega_g)$ 越小，离稳定边界越远，系统稳定性越好，工作越可靠。

若 $K_g=1$，则 $G_K(j\omega)$ 穿过点 $(-1, j0)$，系统处于稳定边界。

若 $K_g<1$，即 $M(\omega_g)>1$，则表明 $G_K(j\omega)$ 已包围点 $(-1, j0)$，系统是不稳定的。

综上所述，相位稳定裕量（简称相位裕量）γ 和增益稳定裕量（简称增益裕量）K_g 不仅表征了系统是否稳定，还表征了系统的稳定程度，即表征了系统的相对稳定性。以后在讨论系统性能时所讲的"系统稳定性"大多指相对稳定性。

自动控制系统一般要求，相位裕量 $\gamma>45°$；增益裕量 $K_g>3$（或 $20\lg K_g>10\text{dB}$）。

在工程计算中，通常只要求计算相位裕量 γ，在要求较高的自动控制系统中，还要求同时计算增益裕量 K_g。

相位裕量 γ 的计算方法：由开环传递函数 $G_K(s)$ 作系统的开环对数幅频特性曲线，一般以渐近线来近似代替，从图中得到穿越频率 ω_c（计算或图解均可），并计算出对应于 ω_c 的相位 $\varphi(\omega_c)$，再由式 $\gamma=180°+\varphi(\omega_c)$ 求得。

若系统的开环传递函数的形式为

$$G_K(s) = \frac{K\prod\limits_{i=1}^{m}(\tau_i s+1)}{s^v \prod\limits_{j=1}^{n-v}(T_j s+1)} \tag{4-44}$$

即系统可简化成由 K 个比例环节、v 个积分环节、n 个惯性环节和 m 个微分环节组成，则其对应于 ω_c 的相位 $\varphi(\omega_c)$ 为

$$\varphi(\omega_c) = -v\times 90° - \sum_{j=1}^{n-v}\arctan(T_j\omega_c) + \sum_{i=1}^{m}\arctan(\tau_i\omega_c) \tag{4-45}$$

将式（4-45）代入式（4-42）得

$$\gamma = 180° - v\times 90° - \sum_{j=1}^{n-v}\arctan(T_j\omega_c) + \sum_{i=1}^{m}\arctan(\tau_i\omega_c) \tag{4-46}$$

例 4.10 某最小相位系统的开环对数幅频特性曲线如图 4-34 所示。要求：

（1）写出系统的开环传递函数；

（2）利用相位裕量判断系统的稳定性。

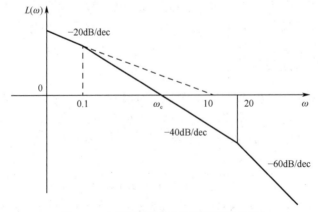

图 4-34　系统的开环对数幅频特性曲线

解：由系统的开环对数幅频特性曲线可知，系统存在两个交界频率 0.1、20，故系统由比例环节、积分环节和两个惯性环节构成。

$$G(s) = \frac{k}{s\left(\dfrac{s}{0.1}+1\right)\left(\dfrac{s}{20}+1\right)}$$

第一段折线比例积分环节 $\omega = 10$ 时，$L(\omega)=0$，则

$$20\lg\frac{k}{10} = 0$$

得

$$k = 10$$

$$G(s) = \frac{10}{s\left(\dfrac{s}{0.1}+1\right)\left(\dfrac{s}{20}+1\right)}$$

系统开环对数幅频特性为

$$L(\omega) = \begin{cases} 20\lg\dfrac{10}{\omega} & \omega < 0.1 \\[2mm] 20\lg\dfrac{10}{\omega^2} & 0.1 \leqslant \omega < 20 \\[2mm] 20\lg\dfrac{20}{\omega^3} & \omega \geqslant 20 \end{cases}$$

得 $\omega_c = 1$。

系统开环对数相频特性为

$$\varphi(\omega) = -90^\circ - \arctan\frac{\omega}{0.1} - \arctan\frac{\omega}{20}$$

$$\varphi(\omega_c) = -177.15^\circ$$

$$\gamma = 180^\circ + \varphi(\omega_c) = 2.85^\circ$$

故系统稳定。

例 4.11 已知最小相位系统的开环传递函数为

$$G(s)H(s) = \frac{40}{s(s^2 + 2s + 25)}$$

试求该系统的增益裕量和相位裕量。

解：系统的开环频率特性为

$$G(j\omega)H(j\omega) = \frac{40}{j\omega(25 - \omega^2 + 2\omega j)}$$

其幅频特性和相频特性分别为

$$|G(j\omega)H(j\omega)| = \frac{1}{\omega}\frac{40}{\sqrt{(25 - \omega^2)^2 + 4\omega^2}}$$

$$\angle G(j\omega_c)H(j\omega_c) = -90° - \arctan\frac{2\omega}{25 - \omega^2}$$

令 $|G(j\omega)H(j\omega)| = 1$，得

$$\omega_c = 1.82$$

$$\gamma = 180° + \angle G(j\omega_c)H(j\omega_c) = 90° - \arctan\frac{2 \times 1.82}{25 - 1.82^2} = 80.5°$$

令 $\angle G(j\omega_c)H(j\omega_c) = -180°$，得

$$\omega_g = 5$$

$$K_g = \frac{1}{|G(j\omega)H(j\omega)|} = 1.25$$

$$K_g = 20\lg K_g = 1.94\text{dB}$$

4.5.3 系统开环对数幅频特性与系统性能的关系

用开环对数频率特性分析闭环系统性能时，一般将开环对数频率特性分成低频段、中频段和高频段三个频段来讨论，如图 4-35 所示。

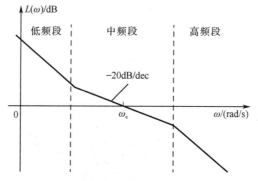

图 4-35 开环对数幅频特性的三个频段

1. 低频段与稳态精度

1）低频段特性曲线

在对数幅频特性曲线中，低频段通常是指 $L(\omega)$ 曲线在第一个交界频率以前的区段。此段的特性由开环传递函数中的积分环节和开环放大系数决定。设低频段对应的开环传递函数为

$$G_K(s) = \frac{K}{s^\nu}$$

对数幅频特性为

$$L(\omega) = 20\lg|G_K(j\omega)| = 20\lg\frac{K}{\omega^\nu} = 20\lg K - 20\nu\lg\omega \qquad (4\text{-}47)$$

由式（4-47）可知，低频段开环对数幅频特性曲线如图 4-36 所示。这些直线的斜率为 $-20\nu\text{dB/dec}$。

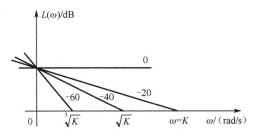

图 4-36　低频段开环对数频率特性曲线

放大系数 K 与低频段高度的关系，可由式（4-47）确定。在特性直线与 0dB 线交点处为

$$20\lg K - 20v\lg \omega = 0$$
$$\omega = \sqrt[v]{K} \tag{4-48}$$

2）低频段特性与稳态精度

系统稳态精度，即稳态误差 e_{ss} 的大小，取决于系统的放大系数 K（开环增益）和系统的型别（积分个数 v）。积分个数 v 决定着低频段渐近线的斜率；放大系数 K 决定着渐近线的高度。

（1）0 型系统：当 $v=0$ 时，$L(\omega)=20\lg K$。

（2）Ⅰ型系统：当 $v=1$ 时，$L(\omega)=20\lg K-20\lg \omega$。

（3）Ⅱ型系统：当 $v=2$ 时，$L(\omega)=20\lg K-40\lg \omega$。

2. 中频段与动态性能

1）中频段特性曲线

中频段是指 $L(\omega)$ 曲线在穿越频率 ω_c 附近的区域。对于最小相位系统（开环传递函数中无右极点），若开环对数幅频特性曲线的斜率为 $-20v$dB/dec，则对应的相角为 $-90°v$。

中频段开环对数幅频特性曲线在 ω_c 处的斜率，对系统的相位裕量 γ 有很大的影响。为保证相位裕量 $\gamma>0$，中频段斜率应取 -20dB/dec，而且应占有一定的频域宽度。

2）中频段特性与系统的动态性能

系统开环对数频率特性中频段的频域指标 ω_c 和 γ 反映了闭环系统动态响应的稳定性 σ 和快速性 t_s。下面分析中频段特性对系统动态性能的影响。

（1）中频段斜率为 -20dB/dec。设 $L(\omega)$ 曲线中频段的斜率为 -20dB/dec，而且有较宽的频率区域，如图 4-37（a）所示。其对应的开环传递函数可近似为

$$G_K(s) \approx \frac{K}{s} = \frac{\omega_c}{s}$$

若系统为单位负反馈系统，则闭环传递函数为

$$G_B(s) = \frac{G_K(s)}{1+G_K(s)} = \frac{\dfrac{\omega_c}{s}}{1+\dfrac{\omega_c}{s}} = \frac{1}{\dfrac{s}{\omega_c}+1} = \frac{1}{Ts+1}$$

式中，$T=1/\omega_c$ 为时间常数。

（2）中频段斜率为 -40dB/dec。设 $L(\omega)$ 曲线中频段斜率为 -40dB/dec，如图 4-37（b）所示。其对应的开环传递函数可近似为

$$G_{\mathrm{K}}(s) \approx \frac{K}{s^2} = \frac{\omega_{\mathrm{c}}^2}{s^2}$$

其闭环传递函数为

$$G_{\mathrm{B}}(s) = \frac{G_{\mathrm{K}}(s)}{1+G_{\mathrm{K}}(s)} = \frac{\left(\dfrac{\omega_{\mathrm{c}}}{s}\right)^2}{1+\left(\dfrac{\omega_{\mathrm{c}}}{s}\right)^2} = \frac{\omega_{\mathrm{c}}^2}{s^2+\omega_{\mathrm{c}}^2}$$

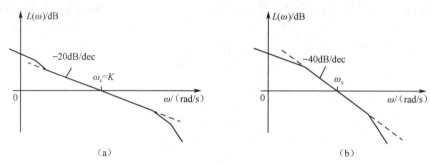

图 4-37　开环系统中频段对数幅频特性曲线

3. 高频段与动态性能

高频段通常是指 $L(\omega)$ 曲线在 $\omega>10\omega_{\mathrm{c}}$ 以后的区域，$L(\omega)$ 曲线的渐近线的斜率在 $-60\mathrm{dB/dec}$ 及以下（如 $-80\mathrm{dB/dec}$）。由于高频段环节的交界频率很高，因此，对应环节的时间常数都很小，而且随着 $L(\omega)$ 曲线的下降，其分贝数很低，所以对系统的动态性能影响不是很大。在高频段，通常有 $L(\omega) \ll 0$，即 $|G_{\mathrm{K}}(\mathrm{j}\omega)| \ll 1$，所以有

$$\left|G_{\mathrm{B}}(\mathrm{j}\omega)\right| = \frac{\left|G_{\mathrm{K}}(\mathrm{j}\omega)\right|}{\left|1+G_{\mathrm{K}}(\mathrm{j}\omega)\right|} \approx \left|G_{\mathrm{K}}(\mathrm{j}\omega)\right|$$

其闭环幅频特性近似等于开环幅频特性。

由此可知，高频段对数幅频特性 $L(\omega)$ 曲线的高低反映了系统抗高频干扰的能力。$L(\omega)$ 曲线越低，系统抗高频干扰的能力越强，即高频衰减能力越强。

综上所述，对于最小相位系统（开环系统传递函数无右极点），系统的开环对数幅频特性直接反映了系统的动态和稳态性能。三频段的概念，为设计一个合理的控制系统提出了如下要求：

（1）低频段的斜率要大，增益要大，这样系统的稳态精度就高。若系统要达到二阶无稳态误差，则 $L(\omega)$ 曲线低频段斜率应为 $-40\mathrm{dB/dec}$。

（2）中频段以斜率 $-20\mathrm{dB/dec}$ 穿越 0dB 线，且具有一定中频带宽，则系统动态性能好。

（3）若要提高系统的快速性，则应提高穿越频率 ω_{c}。

（4）高频段的斜率比低频段的斜率还要大，且 $L(\omega) \gg 0$，以提高系统抑制高频干扰的能力。

■ 4.6 MATLAB 在频域分析中的应用

4.6.1 频率特性的概念

4.6 MATLAB 在频
域分析中的应用

系统的频率响应是在正弦信号作用下系统的稳态输出响应。对于线性定常系统，在正弦信号作用下，稳态输出是与输入同频率的正弦信号，仅幅值和相位不同。

例 4.12 对系统 $G(s) = \dfrac{2}{s^2 + 2s + 3}$，在输入信号 $r(t) = \sin t$ 和 $r(t) = \sin 3t$ 下可由 MATLAB 求系统的输出信号，其程序如下：

```
>>num=2;
  den=[1, 2, 3];
  G=tf(num,den);
  t=0:0.1:6*pi;
  u=sin(t);/ u=sin(3*t);
  y=lsim(G,u,t);
  plot(t,u,t,y)
```

运行程序，输出系统响应图，如图 4-38 所示。

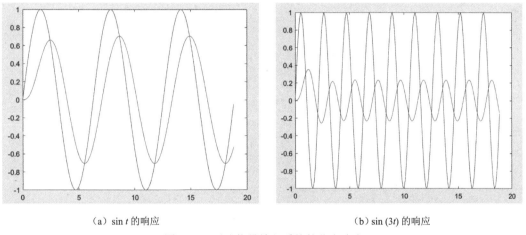

（a）$\sin t$ 的响应 　　　　　　　　　　（b）$\sin(3t)$ 的响应

图 4-38　正弦信号输入系统的稳态响应

4.6.2 用 nyquist(sys) 绘制奈氏图

频率特性中的奈氏图是奈氏稳定判据的基础。反馈控制系统稳定的充分必要条件：奈氏曲线逆时针包围点 $(-1, j0)$ 的次数等于系统开环右极点的个数。

调用 MATLAB 中 nyquist() 函数可绘制出奈氏图，其调用格式如下：

$$[re, im, \omega] = nyquist(num, den, \omega)$$

或

$$\text{sys} = \text{tf(num, den); nyquist(sys)}$$

其中，$G(s) = \text{num/den}$；ω 为用户提供的频率范围；re 为频率响应的实部；im 为频率响应的虚部。若不指定频率范围，则为 nyquist(num,den)。在输入指令中，如果省略了左边的参数说明，nyquist() 函数将直接生成奈氏图；当命令包含左端变量，即 $[\text{re,im},\omega] = \text{nyquist(num,den)}$ 时，则 nyquist() 函数将只计算频率响应的实部和虚部，并将计算结果放在数据向量 re 和 im 中。在此情况下，只有调用 plot() 函数和向量 re、im，才能生成奈氏图。

例 4.13 设系统的传递函数为

$$G(s) = \frac{1}{s^2 + 2s + 2}$$

试绘制其奈氏图。

解：

程序如下：

```
>>num=[1];
   den=[1,2,2];
   nyquist(num,den)
```

运行程序，输出奈氏图，如图 4-39 所示。

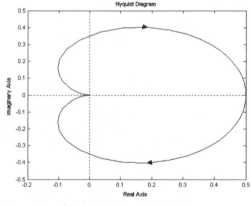

图 4-39　例 4.13 奈氏图

值得注意的是，由于 nyquist() 函数自动生成的坐标尺度固定不变，因此 nyquist() 函数可能会生成异常的奈氏图，也可能会丢失一些重要的信息。在这种情况下，为了重点关注奈氏图在点 (-1,j0) 附近的形状，着重分析系统的稳定性，需要首先调用 axis() 函数，自行定义坐标轴的显示尺度，以提高图形的分辨率；或用放大镜工具进行放大，以便进行稳定性分析。

例 4.14 设某系统的传递函数为

$$G(s) = \frac{1000}{s^3 + 8s^2 + 17s + 10}$$

则绘制其奈氏图的程序如下：

```
>>num=[1000];
```

```
    den=[1,8,17,10];
    nyquist (num,den);
    grid
```

或

```
>>num=[1000];
    den=[1,8,17,10];
    sys=tf(num,den);
    nyquist (sys);
    grid
```

运行程序，输出奈氏图，如图 4-40（a）所示。可以看出在点 (-1, j0) 附近，奈氏图很不清楚，可利用放大镜工具对奈氏图进行局部放大，或利用如下 MATLAB 命令，得到图 4-40（b）。

```
》 v=[-10,0,-1.5,1.5];
    axis(v)
```

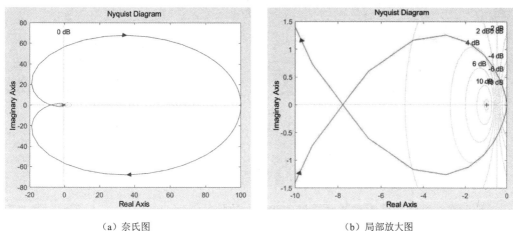

（a）奈氏图 　　　　　　　　　　　　　　　（b）局部放大图

图 4-40　例 4.14 奈氏图及局部放大图

例 4.15　设某系统的传递函数为

$$G(s) = \frac{10(s+2)^2}{(s+1)(s^2 - 2s + 9)}$$

则绘制其奈氏图的程序如下：

```
>>num=10*[1,4,4];
    den=conv([1,1],[1,-2,9]);
    nyquist (num,den);
    grid
```

或

```
>>num=10*[1,4,4];
    den=conv([1,1],[1,-2,9]);
    sys=tf(num,den);
    nyquist (sys);
```

```
grid
```

运行程序，得到图 4-41（a）。

若规定实轴、虚轴的范围分别为 (10,10)，(-10,10)，则绘制其奈氏图的程序如下：

```
>>num=10*[1 4 4];
  den=conv([1 1],[1 -2 9]);
  nyquist (num,den);
  axis([-10,10,-10,10])
```

运行程序，得到图 4-41（b）。

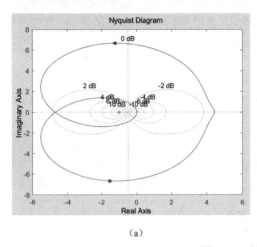

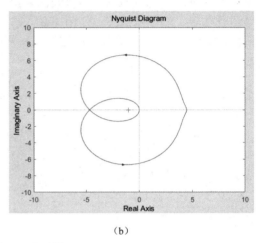

（a）　　　　　　　　　　　　　　（b）

图 4-41　例 4.15 奈氏图

4.6.3　用 bode(sys) 画对数频率特性曲线

对数频率特性曲线由对数幅频特性曲线和对数相频特性曲线构成，ω 轴采用对数分度，幅值为对数增益即分贝（dB），相位 $\varphi(\omega)$ 为线性分度。MATLAB 中绘制对数频率特性曲线的函数为 bode()，其调用格式为

```
[mag,phase,w]=bode(num,den,w)
```

或

```
sys=tf(num,den);bode(sys)
```

其中，$G(s)$=num/den，自动选择频率的范围为 $\omega=0.1\sim1000\text{rad}/\text{s}$，若自行选择频率范围，可应用 logspace() 函数，其格式为

$$\omega = \log \text{space}\,(a,b,n)$$

其中，a 表示最小频率 10^a，b 表示最大频率 10^b，n 表示 $10^a\sim10^b$ 之间的频率点数。

例 4.16　某典型二阶系统的开环传递函数为

$$G_{\text{K}}(s) = \frac{\omega_{\text{n}}^2}{s^2 + 2\zeta\omega_{\text{n}}s + \omega_{\text{n}}^2}$$

试绘制 ζ 取不同值时的对数频率特性曲线。

当 $\omega_n=6$，ζ 取 0.1、0.2 或 1.0 时，二阶系统的对数频率特性曲线可直接利用 bode() 函数得到。绘制其对数频率特性曲线的 MATLAB 程序为

```
>>wn=6l
  kosi= [0.1:0.2:1.0];        % 此处,与:有区别
  hold on
  for   kos=kosi
  num= [wn.^2] l
  den= [1,2*kos*wn,wn.^2] l
  bode(num,den)l
  end
hold  off
```

运行程序，得到图 4-42。

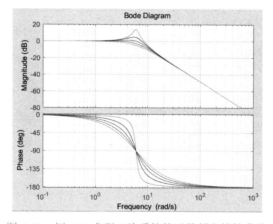

图 4-42 例 4.16 典型二阶系统的对数频率特性曲线

例 4.17 设某系统的传递函数为

$$G(s) = \frac{5(0.1s+1)}{s(0.5s+1)\left(\dfrac{1}{50^2}s^2 + \dfrac{0.6}{50}s + 1\right)}$$

则绘制其对数频率特性曲线的 MATLAB 程序如下：

```
>> num=5*[0.1, 1];
   den=conv([1, 0], conv([0.5, 1], [1/2500, 0.6/50 1]));
   bode(num, den)
```

可利用函数 $\omega = \log \mathrm{space}\,(a, b, n)$ 设定频率范围。程序如下：

```
>> w=logspace(-1,4,300);                  % 确定频率范围及点数
   [mag,phase,w]=bode(num,den,w);
   semilogx(w,20*log(mag));               % 绘图坐标及大小
grid
xlabel('Frequency[rad/s]'),ylabel('20*log(mag)')
```

运行程序，得到图 4-43。

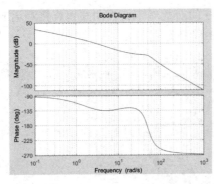 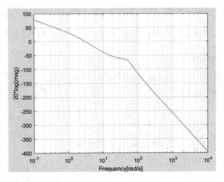

图 4-43　例 4.17 系统的对数频率特性曲线

4.6.4　用 margin(sys) 计算增益稳定裕量和相位稳定裕量

在 MATLAB 中采用 margin() 函数来确定相对稳定性，其调用格式为

[Gm,Pm,Wcg,Wcp]=margin(sys)

或

margin(sys)

其中，Gm 为增益裕量（增益稳定裕量）；Pm 为相位裕量（相位稳定裕量）；Wcg 为相角交界频率；Wcp 为幅值穿越频率。在输入指令中，如果省略了左边的参数说明，margin() 函数将在对数频率特性曲线上自动标注系统的增益裕量和相位裕量。

例 4.18　设某系统的传递函数为

$$G(s) = \frac{0.8}{s^3 + 2s^2 + s + 0.5}$$

则计算其增益裕量和相位裕量的程序如下：

```
>> num=[0.8];
   den=[1, 2, 1, 0.5];
   sys=tf(num,den);
   margin(sys)
```

运行程序，显示该系统的对数频率特性曲线及稳定裕量，如图 4-44 所示。

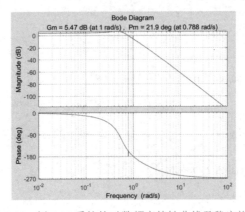

图 4-44　例 4.18 系统的对数频率特性曲线及稳定裕量

若执行以下命令：

```
[Gm,Pm,Wcg,Wcp]=margin(sys)
```

则可得 Gm =1.8772，Pm = 21.9176，Wcg = 1.0004，Wcp = 0.7881。

■ 4.7　RC 低通滤波器的设计

4.7.1　电路的组成

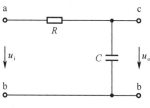

图 4-45　RC 低通滤波器电路

所谓低通滤波器，是指允许低频信号通过，而将高频信号衰减的电路，RC 低通滤波器电路如图 4-45 所示。

4.7.2　电压放大倍数

在电子技术中，将电路输出电压与输入电压之比定义为电路的电压放大倍数，或称为传递函数，用符号 A_u 来表示，在这里 A_u 为复数，即

$$\dot{A}_u = \frac{\dot{U}_o}{\dot{U}_i} = \frac{\dfrac{1}{\mathrm{j}\omega C}}{R + \dfrac{1}{\mathrm{j}\omega C}} = \frac{1}{1 + \mathrm{j}\omega RC}$$

令 $f_p = \dfrac{1}{2\pi RC}$，则

$$\dot{A}_u = \frac{1}{R + \mathrm{j}\dfrac{f}{f_p}} \tag{4-49}$$

$\dot{A}_u$ 的模和相角为

$$\left| \dot{A}_u \right| = \frac{1}{\sqrt{R + \left(\dfrac{f}{f_p} \right)^2}} \tag{4-50}$$

$$\varphi = -\arctan \frac{f}{f_p} \tag{4-51}$$

式（4-49）称为 RC 低通滤波器电路的频响特性，式（4-50）称为 RC 低通滤波器电路的幅频特性，式（4-51）称为 RC 低通滤波器电路的相频特性。

4.7.3　低通滤波器的对数频率特性曲线

在电子电路中，电路幅频特性和相频特性的单位通常为对数传输单位——分贝。利用对数传输单位，可将低通滤波器的幅频特性写成

$$20\lg|\dot{A}_u| = 20\lg\frac{1}{\sqrt{R+\left(\dfrac{f}{f_p}\right)^2}} = 0 - 10\lg\left[1+\left(\frac{f}{f_p}\right)^2\right] \tag{4-52}$$

下面分几种情况来讨论低通滤波器的幅频特性：

（1）当 f 等于通带截止频率 f_p 时，式（4-52）变成

$$20\lg|\dot{A}_u| = -10\lg 2 = -3\text{dB} \tag{4-53}$$

由式（4-53）可得通带截止频率 f_p 的物理意义：因低通电路的增益随频率的增大而下降，当低通电路的增益下降了 3dB 时所对应的频率就是通带截止频率 f_p，若不用增益来表示，也可以说，当电路的放大倍数下降到原来的 0.707 时所对应的频率。对于低通滤波器，该频率又称为上限截止频率，用符号 f_H 来表示。根据 f_p 的定义可得 f_H 的表达式为

$$f_H = f_p = \frac{1}{2\pi RC} \tag{4-54}$$

（2）当 $f > 10 f_p$ 时，式（4-52）中的 $\dfrac{f}{f_p}$ 项比 10 大，公式中的 1 可忽略，式（4-52）的结果为

$$20\lg|\dot{A}_u| = -20\lg\left(\frac{f}{f_p}\right) \tag{4-55}$$

式（4-55）表明频率每增大 10 倍，增益下降 20dB，说明该电路对高频信号有很强的衰减作用，在幅频特性曲线上，式（4-55）的曲线称为 -20dB/dec 线。

（3）当 $f < 0.1 f_p$ 时，式（4-52）中的 $\dfrac{f}{f_p}$ 项比 0.1 小，可忽略，式（4-52）的结果为 0dB。说明该电路对低频信号没有任何衰减作用，低频信号可以很顺利地通过该电路，所以该电路称为低通滤波器电路。

RC 低通滤波器的对数频率特性曲线如图 4-46 所示。

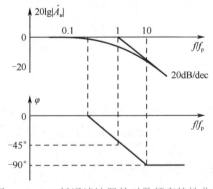

图 4-46　RC 低通滤波器的对数频率特性曲线

图 4-46 的上部是幅频特性，下部是相频特性。幅频特性中的曲线是按式（4-52）画的，折线则是利用 0dB 线和 20dB/dec 线所作的。

■ 本章小结

1. 频率特性是传递函数的一种特殊情形，只要将传递函数中的复变量 s 用纯虚数 $j\omega$ 代替，就可以得到频率特性，即 $G(s) \underset{s \leftarrow j\omega}{\overset{s \rightarrow j\omega}{=}} G(j\omega)$。

2. 频域分析法可以用图解的方法进行分析，具有直观、计算方便等优点，元件（或系统）的频率特性还可以用频率特性测试仪测得。

3. 根据开环传递函数求出的频率特性称为开环频率特性，开环频率特性和开环传递函数一样，在控制系统的分析中具有十分重要的作用。开环频率特性的分析包括绘制开环幅相频率特性曲线和开环对数频率特性曲线。

4. 奈氏稳定判据是用于确定动态系统稳定性的一种方法。它只需要检查对应开环系统的奈氏图，而不必准确计算闭环或开环系统的零、极点就可以分析系统的稳定性。对数频率判据是奈氏稳定判据在对数频率特性曲线上的表示形式。

5. 稳定裕量是对相对稳定性的度量。稳定裕量包括相位裕量和增益裕量。

6. 频率特性的低频段主要决定系统的稳态性能；中频段主要决定系统的动态性能；高频段主要决定系统的抗扰性能。

7. 利用软件可以对系统进行频域分析，包括奈氏图的绘制、对数频率特性曲线的绘制、增益裕量和相位裕量的计算等。

■ 习题

4-1 频率特性有哪几种分类方法？

4-2 采用半对数坐标纸绘制频率特性曲线有哪些优点？

4-3 已知放大器的传递函数为

$$G(s) = \frac{K}{Ts+1}$$

并测得 $\omega = 1\text{rad/s}$、幅频 $A = 12/\sqrt{2}$、相频 $\varphi = -\pi/4$。试问放大系数 K 及时间常数 T 各为多少？

4-4 试求下列各系统的实频特性、虚频特性、幅频特性和相频特性。

（1） $G(s) = \dfrac{2}{(s+1)(2s+1)}$

（2） $G(s) = \dfrac{2}{s(s+1)(2s+1)}$

（3） $G(s) = \dfrac{2}{s^2(s+1)(2s+1)}$

4-5 试绘制下列各传递函数对应的幅相频率特性曲线和对数频率特性曲线。

（1） $G(s) = \dfrac{6}{s(s+4)}$

（2） $G(s) = \dfrac{6}{(s+1)(s+4)}$

（3） $G(s) = \dfrac{s+0.1}{s(s+0.01)}$

4-6 已知系统的开环传递函数为

$$G_K(s) = \frac{0.001(1+100s)^2}{s^2(1+10s)(1+0.125s)(1+0.05s)}$$

试绘制该系统的开环对数幅频特性曲线，并求出 $\omega = \omega_c$ 时的相角 $\varphi(\omega_c)$。

4-7 已知系统对数幅频特性曲线如图 4-47 所示，试写出它们的传递函数。

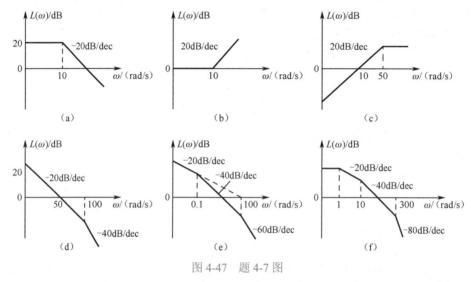

图 4-47 题 4-7 图

4-8 设系统的开环幅相频率特性曲线如图 4-48 所示。试写出开环传递函数，并判断闭环系统是否稳定。图 4-48 中，P 为开环传递函数在 s 平面的右半平面的极点数，N 为 $s=0$ 时的极点数。

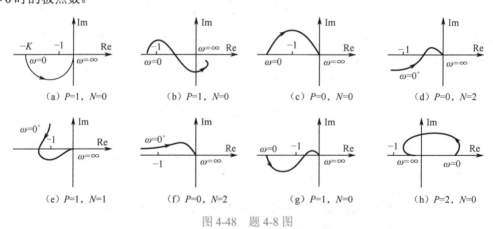

图 4-48 题 4-8 图

4-9 已知系统的开环传递函数如下，试绘制系统开环幅相频率特性曲线，并判断其稳定性。

（1）$G(s) = \dfrac{100}{(s+1)(2s+1)}$

（2）$G(s) = \dfrac{250}{s(s+5)(s+15)}$

（3）$G(s) = \dfrac{250(s+1)}{s(s+5)(s+15)}$

（4）$G(s) = \dfrac{0.5}{s(2s-1)}$

4-10　已知系统的开环传递函数如下，试绘制系统开环对数频率特性曲线，并判断其稳定性。

（1）$G(s) = \dfrac{100}{s(0.2s+1)}$

（2）$G(s) = \dfrac{100}{(0.2s+1)(s+2)(2s+1)}$

（3）$G(s) = \dfrac{100(s+1)}{s(0.1s+1)(0.5s+1)}$

（4）$G(s) = \dfrac{5(0.5s-1)}{s(0.1s+1)(0.2s-1)}$

4-11　闭环控制系统的方框图如图 4-49 所示，试判别其稳定性。

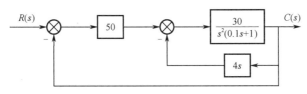

图 4-49　题 4-11 图

4-12　已知系统的方框图如图 4-50 所示，试绘制系统的开环对数频率特性曲线，并求此系统的相位裕量 γ。

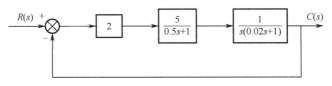

图 4-50　题 4-12 图

4-13　系统的开环传递函数为

$$G(s) = \dfrac{K}{s(s+1)(0.2s+1)}$$

（1）当 $K=1$ 时，求系统的相位裕量；

（2）当 $K=10$ 时，求系统的相位裕量；

（3）讨论开环增益的大小对系统相对稳定性的影响。

第5章

控制系统的校正

一个控制系统一般可分为被控环节、控制器环节和反馈环节三个部分，其中被控环节和反馈环节一般是根据实际对象而建立的模型，是不可变的，因此根据要求对控制器进行设计是控制系统设计的主要任务。同时需要指出，由于系统设计的目的是对系统性能进行校正，因此控制器（又称补偿器或调节器）的设计又称控制系统的校正。

本章主要介绍系统校正的作用和方法，分析串联校正、反馈校正和复合校正对系统动、静态性能的影响。

■ 5.1 校正的基本概念

5.1.1 控制系统的设计步骤

5.1 校正的基本概念

完成一个控制系统的设计任务，往往需要经过反复修改才能得到比较合理的结构形式和满意的性能。系统的设计一般有以下几步。

1. 拟定性能指标

性能指标是设计控制系统的依据，因此，必须合理地拟定性能指标。在不少设计中，有些指标往往不是明确告知的，而是由设计人员根据设计要求进行转换的。

系统性能指标要切合实际需要，既要使系统能够完成给定的任务，又要考虑实现条件和经济效果。但在设计过程中，往往会发现很难满足给定的性能指标要求，或者设计出的控制系统造价太高，需要对给定的性能指标做必要的修改。

2. 初步设计

初步设计是控制系统设计中重要的一环，主要包括以下内容：

（1）根据设计任务和设计指标，初步确定比较合理的设计方案，选择系统的主要元件，拟出控制系统的原理图。

（2）建立所选元件的数学模型，并进行初步的稳定性分析和动态性能分析。一般来说，这时的系统虽然在原理上能够完成给定的任务，但系统的性能一般不能满足要求。

（3）对于不满足性能要求的系统，可以在其中加一些元件，使系统的性能指标达到要求。这一步就是本章重点要分析的系统校正。

（4）综合分析各种方案，选择最合适的方案。

3. 原理试验

根据初步设计确定的系统工作原理，建立试验模型，进行原理试验。根据原理试验的结果，对原定方案进行局部的甚至全部的修改，调整系统的结构和参数，进一步完善设计方案。

4. 样机生产

样机生产的目的主要是进行实际的运行和接受环境条件的考验。根据运行和试验的结果，进一步改进设计。在完全达到设计要求的情况下，即可将设计确定下来并交付生产。

可见，一个控制系统的设计要经过多次反复试验与修改，才能逐步完善。设计的完善与合理性在很大程度上取决于设计者的经验。

5.1.2　校正的概念

初步设计出的系统一般来说是不满足性能指标要求的。一个很自然的想法是在已有系统中加入一些参数和结构可以调整的装置，来改善系统的性能。从理论上讲，这是完全可行的，因为加入了校正装置就改变了系统的传递函数，也就改变了系统的动态特性。

校正就是在原有系统中增添一些装置和元件，人为改变系统的结构和性能，使之满足性能指标要求。增添的装置和元件称为校正装置和校正元件。系统中除校正装置以外的部分，组成了系统的不可变部分，称为固有部分。

例如，要设计一个调速系统，就要根据系统的调速范围、调速精度等，确定需采用的直流调速方式；根据系统的输出功率和供给的能源形式，选择晶闸管整流装置及相应的触发电路等；根据负载和调速精度的要求，选择直流电动机及相应的励磁电路等；根据调速精度，选择测速发电机作为测量元件。这样，系统的结构和主要元件就选定了。直流电动机调速系统原理图如图 5-1 所示。

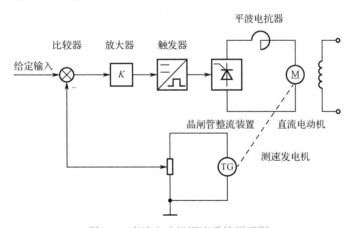

图 5-1　直流电动机调速系统原理图

该调速系统中的比较器、触发器、晶闸管整流装置、直流电动机及其励磁电路、测速发电机等装置一经选定后都有固定的特性，这些特性在系统校正中不再改变，称为不可变部分。而相应的用作校正的元件（如放大器），其参数和结构在设计过程中可根据性能指标的要求而定，称为可变部分。

5.1.3　校正的方式

根据校正装置在系统中的不同位置，控制系统的校正一般有串联校正、反馈校正和复合校正三种方式。

1. 串联校正

校正装置串联在系统固有部分的前向通道中，称为串联校正，如图 5-2 所示。为减小校正装置的功率等级，降低校正装置的复杂程度，校正装置通常安排在前向通道中功率等级最低的点上。本章将详细介绍串联校正的作用。

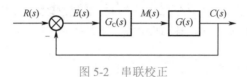

图 5-2　串联校正

2. 反馈校正

校正装置与系统固有部分按反馈方式连接，形成局部反馈回路，称为反馈校正，如图 5-3 所示。

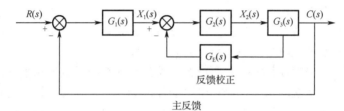

图 5-3　反馈校正

3. 复合校正

复合校正是在反馈校正的基础上，引入输入补偿构成的校正方式，可以分为以下两种：一种是引入给定输入信号补偿，另一种是引入扰动输入信号补偿，如图 5-4 所示。校正装置将直接或间接测出给定输入信号 $R(s)$ 和扰动输入信号 $N(s)$，这些信号经过适当变换后，作为附加校正信号输入系统，使可测扰动对系统的影响得到补偿，从而抵消扰动对输出的影响，提高系统的控制精度。

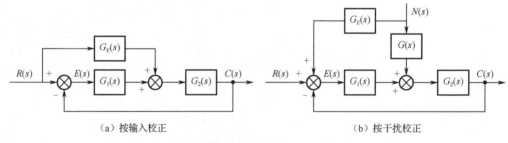

（a）按输入校正　　　　　　　　　　　（b）按干扰校正

图 5-4　复合校正

■ 5.2　PID 基本控制规律及对性能的影响

控制系统的串联校正方框图如图 5-5 所示，其中 $G_C(s)$ 为控制器的传递函数，$G(s)$ 为系统固有部分的传递函数。控制器是设计者根据对系统性能的要求选定的，它对偏差信号

$e(t)$ 进行适当的变换，以获得满足性能要求的控制信号 $m(t)$，这种变换就称为控制规律。

在工业控制中，控制器的控制规律由比例控制规律（P）、积分控制规律（I）、微分控制规律（D）这 3 种基本控制规律组合而成。按照这 3 种基本控制规律进行的控制，在控制系统中习惯称为 PID 控制。而这些控制器通常串联在系统的前向通道中，起着串联校正的作用。下面将对由这 3 种基本控制规律的不同组合所构成的不同类型的控制器做详细介绍。

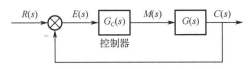

图 5-5　控制系统的串联校正方框图

5.2.1　比例控制器

5.2.1 比例控制器

比例（P）控制器是具有比例控制规律的控制器，输入偏差信号 $e(t)$ 与控制器的输出信号 $m(t)$ 有如下关系：

$$m(t) = K_\mathrm{P} e(t) \tag{5-1}$$

传递函数为

$$G_\mathrm{C}(s) = K_\mathrm{P} \tag{5-2}$$

式中，K_P 称为比例系数。比例控制简称 P 控制。

比例控制器方框图如图 5-6 所示。

比例控制器的单位阶跃响应如图 5-7 所示。

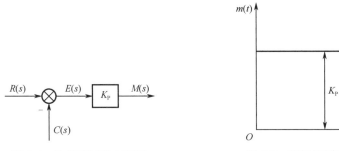

图 5-6　比例控制器方框图　　　　图 5-7　比例控制器的单位阶跃响应

比例控制是一种简单的控制方式。其控制器的输出与输入偏差信号成比例。

比例控制器实质上是一个具有可调增益的放大器。比例控制器的输入和输出是同步变化的，没有惯性和时间上的延迟。响应快，输出和输入成比例变化，这是比例控制器最突出的优点。正是由于这个优点，比例控制成为一种重要的基本控制规律。所有的工业控制器都包含比例控制器，比例控制器也可以单独构成控制器。

在串联校正中，增大控制器增益 K_P，可以提高系统的开环增益，减小系统的稳态误差，从而提高系统的控制精度，但会降低系统的相对稳定性，甚至可能造成闭环系统不稳定。因此，在系统校正设计中，很少单独使用比例控制器。

例 5.1　图 5-8 所示为具有比例控制器的系统方框图，$G_1(s)$ 为系统的固有部分，其开

环传递函数为

$$G_1(s) = \frac{K_1}{s(T_1s+1)(T_2s+1)}$$

若其中 $K_1 = 35$，$T_1 = 0.2s$，$T_2 = 0.01s$，设 $K_P = 0.5$，试分析比例控制器对系统性能的影响。

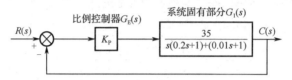

图 5-8　具有比例控制器的系统方框图

解：校正前后的开环传递函数如下：

校正前　$G(s) = \dfrac{35}{s(0.2s+1)(0.01s+1)}$

校正后　$G(s) = \dfrac{17.5}{s(0.2s+1)(0.01s+1)}$

校正前后控制系统的对数频率特性曲线如图 5-9 所示。

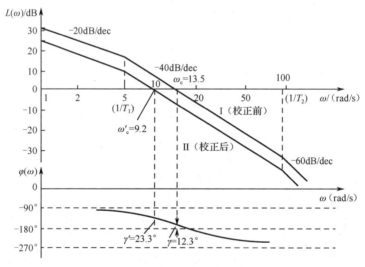

图 5-9　校正前后控制系统的对数频率特性曲线

图 5-9 中曲线Ⅰ为系统固有部分的对数频率特性曲线。由图 5-9 可知，其穿越频率为 $\omega_c = 13.5\text{rad/s}$，系统固有部分的相位裕量为 $\gamma = 12.3°$。

图 5-9 中曲线Ⅱ为校正以后的对数频率特性曲线，由图可知，此时系统的穿越频率 $\omega_c' = 9.2\text{rad/s}$，相位裕量 $\gamma' = 23.3°$。

对照曲线Ⅱ和曲线Ⅰ，不难看出，降低增益后，穿越频率 ω_c 也降低（由 13.5rad/s 降低到 9.2rad/s），从而使系统的快速性变差。

进一步仿真得到单位阶跃响应曲线，如图 5-10 所示。

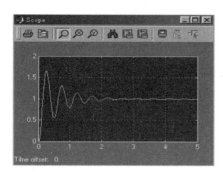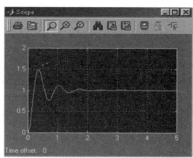

（a）校正前　　　　　　　　　　　　　（b）校正后

图 5-10　仿真得到的单位阶跃响应曲线

比较校正前、校正后的单位阶跃响应曲线，不难看出，降低系统增益后：系统的相对稳定性得到改善，超调量下降，振荡次数减少。σ 由 70% 减小到 50%，N 由 5 次减少到 3 次。但是系统的速度跟随稳态误差 e_{ssr} 将增大一倍，系统的稳态精度变差。

综上所述：降低增益，将使系统的稳定性改善，但使系统的稳态精度变差。当然，若增大增益，系统性能的变化与上述相反。

5.2.2　比例微分（PD）控制器

具有比例微分控制规律的控制器，称为 PD 控制器。输入偏差信号 $e(t)$ 与控制器的输出信号 $m(t)$ 有如下关系：

$$m(t) = K_P\left[e(t) + \tau\frac{\mathrm{d}e(t)}{\mathrm{d}t}\right] \tag{5-3}$$

传递函数为

$$G_C(s) = K_P(1 + \tau s) \tag{5-4}$$

式中，τ 称为微分时间常数。比例微分控制简称 PD 控制。

PD 控制器方框图如图 5-11 所示。

PD 控制器的单位阶跃响应如图 5-12 所示。

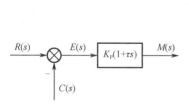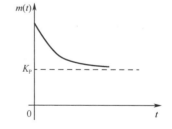

图 5-11　PD 控制器方框图　　　　　　　　图 5-12　PD 控制器的单位阶跃响应

PD 控制器的输出是比例控制作用的输出和微分控制作用的输出之和。微分控制能够反映信号的变化（变化趋势），具有"预报"作用，因此，它能在误差信号变化前给出校正信号，防止系统出现过大的偏离期望值和振荡的倾向，有效增强了系统的相对稳定性。但是微分控制在偏差信号变化极其缓慢或无偏差信号时，将失去控制作用，故它不能单独作为串联校正装置使用。

例 5.2 图 5-13 所示为具有 PD 控制器的系统方框图，系统固有部分的传递函数如图 5-13 所示，分析比例微分校正对系统性能的影响。

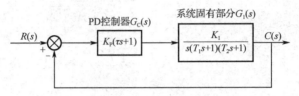

图 5-13 具有 PD 控制器的系统方框图

解：设 $K_P=1$（为避开增益改变对系统性能的影响），同样为简化起见，这里的微分时间常数 $\tau = T_1 = 0.2s$，这样，系统的开环传递函数变为

$$G(s) = G_C(s)G_1(s) = K_P(\tau s+1)\frac{K_1}{s(T_1s+1)(T_2s+1)} = \frac{K_1}{s(T_2s+1)} = \frac{35}{s(0.01s+1)}$$

校正前后控制系统的对数频率特性曲线如图 5-14 所示。

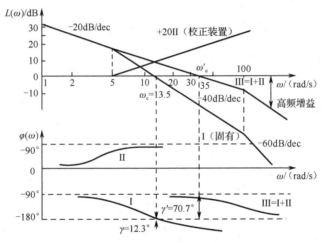

图 5-14 校正前后控制系统的对数频率特性曲线

图 5-14 中曲线 I 为系统固有部分对数频率特性曲线，由图可知，其穿越频率 ω_c =13.5rad/s，相位裕量 $\gamma = 12.3°$。

图 5-14 中曲线 II 为 PD 控制器的对数频率特性曲线，由于 $K_P=1$，所以其低频渐近线为 0dB 线。其高频渐近线为 +20dB/dec 斜直线。

图 5-14 中曲线 III 为校正后的对数频率特性曲线，曲线 III 为曲线 I 和曲线 II 的叠加，由图 5-14 可知，曲线 III 已被校正成典型 I 型系统，此时的 $\omega_c' = 35$rad/s，其相位裕量 $\gamma' = 70.7°$。

对照曲线 III 和曲线 I，不难看出，增设 PD 控制器后：

（1）PD 控制器起使相位超前的作用，可以抵消惯性环节使相位滞后的不良后果，从而使系统的稳定性得到显著改善。

（2）使穿越频率 ω_c 提高（由 13.5rad/s 提高到 35rad/s），从而改善了系统的快速性，使调整时间减少（$\omega_c \uparrow \to t_s \downarrow$）。调整时间 t_s 由 2.5s 减少至 0.1s。

（3）PD 控制器使系统的高频增益增大，而很多干扰信号都是高频信号，因此比例微分校正容易引入高频干扰，这是它的缺点。

（4）比例微分校正对系统的稳态误差不产生直接的影响。

由于 PD 控制器可使相位超前，以抵消惯性环节和积分环节使相位滞后而产生的不良后果，因此比例微分控制相当于超前校正。

进一步仿真得到单位阶跃响应曲线，如图 5-15 所示。

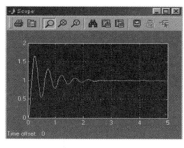 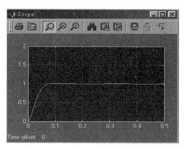

（a）校正前　　　　　　　　　　　（b）校正后

图 5-15　仿真得到的单位阶跃响应曲线

比较校正前、校正后的单位阶跃响应曲线，不难看出，比例微分校正能使系统的稳定性和快速性得到改善，但对稳态误差几乎不产生影响。

5.2.3　比例积分（PI）控制器

具有比例积分控制规律的控制器，称为 PI 控制器。

输入偏差信号 $e(t)$ 与控制器的输出信号 $m(t)$ 的关系：

$$m(t) = K_{\text{P}}\left[e(t) + \frac{1}{T_{\text{i}}} \int_0^t e(t)\mathrm{d}t \right] \tag{5-5}$$

传递函数为

$$G_{\text{C}}(s) = K_{\text{P}}\left(1 + \frac{1}{T_{\text{i}}s} \right) \tag{5-6}$$

式中，T_{i} 称为积分时间常数。比例积分控制简称 PI 控制，其方框图如图 5-16 所示。

PI 控制器的单位阶跃响应如图 5-17 所示。

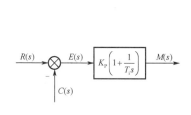 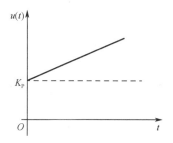

图 5-16　PI 控制器方框图　　　　　　图 5-17　PI 控制器的单位阶跃响应

PI 控制器的输出是比例控制作用的输出和积分控制作用的输出之和。积分控制与比例控制不同，积分控制作用的输出不仅与输入的偏差信号的大小有关，还与偏差信号作用的时间长短有关。即使偏差信号很小，只要作用的时间足够长，输出仍可能较大。所以积分控制的显著特点：有消除稳态误差的作用。PI 控制器结合了比例控制器和积分控制器两者的优点，克服了双方的缺点，具有响应较快，能消除稳态误差的作用，因而是一种应用广泛的控制器。

例 5.3 图 5-18 所示为具有 PI 控制器的调速系统方框图，分析说明 PI 控制器对系统性能的影响。

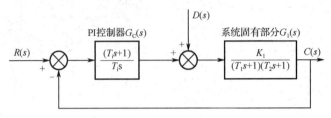

图 5-18 具有 PI 控制器的调速系统方框图

解：现设 K_1=3.2，T_1=0.33s，T_2=0.036s，系统固有部分的传递函数为

$$G_1(s) = \frac{3.2}{(0.33s+1)(0.036s+1)} \qquad (5-7)$$

如今为实现无静差，可在系统前向通道中功率放大环节前，增设速度调节器，其传递函数为

$$G_C(s) = \frac{K_P(T_i s+1)}{T_i s}$$

为了使分析简明起见，取 T_i=T_1=0.33s，取 K_P=1.3。

校正后的开环传递函数为

$$\begin{aligned}
G(s) = G_C(s)G_1(s) &= \frac{K_P(T_i s+1)}{T_i s} \frac{K_1}{(T_1 s+1)(T_2 s+1)} \\
&= \frac{1.3(0.33s+1)}{0.33s} \times \frac{3.2}{(0.33s+1)(0.036s+1)} \\
&= \frac{12.6}{s(0.036s+1)} \\
&= \frac{K}{s(T_2 s+1)}
\end{aligned}$$

式中，K=12.6。

校正前后控制系统的对数频率特性曲线如图 5-19 所示。

图 5-19 中曲线 I 为系统固有部分的对数频率特性曲线。由图 5-19 可知，在 $\omega = 1\text{rad/s}$ 处高度 $L(\omega) = 20\lg3.2 = 10\text{dB}$，其交界频率 ω_1 =3rad/s，ω_2 =27.8rad/s；其穿越频率为 $\omega_c = 9.5\text{rad/s}$，系统固有部分的相位裕量为 $\gamma = 88°$。

图 5-19 中曲线 II 为 PI 控制器的对数频率特性曲线。由图可知，$L(\omega)$ 水平部分的高度为 $20\lg K_P = 20\lg1.3 = 2.3\text{dB}$，$L(\omega)$ 低频段的斜率为 $-20\text{dB}/\text{dec}$，交界频率为 ω_1。PI 控制器的对数相频特性为 $-90° \rightarrow 0°$ 的曲线。

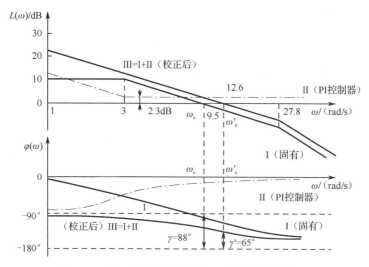

图 5-19 校正前后控制系统的对数频率特性曲线

图5-19中曲线Ⅲ为校正后系统的对数频率特性曲线,曲线Ⅲ为曲线Ⅰ和曲线Ⅱ的叠加。由图 5-19 可知。此时系统已被校正成典型Ⅰ型系统,此时的穿越频率 $\omega'_c = K = 12.6\text{rad}/\text{s}$,相位裕量 $\gamma' = 65°$。

对照系统校正前、后的曲线Ⅰ和曲线Ⅲ,不难看出,增设 PI 控制器后:

(1)在低频段,系统的稳态误差将显著减小,从而改善了系统的稳态性能。

(2)在中频段,相位裕量将减小,系统的超调量将增加,降低了系统的稳定性。

(3)在高频段,校正前后系统的稳定性变化不大。

由于 PI 控制器只在低频段出现较大的相位滞后,因而将它串入系统后,应将其交界频率设置在系统穿越频率的左边,并远离系统穿越频率,以减小对系统稳定裕量的影响。因此,比例积分控制相当于滞后校正。

进一步仿真得到单位阶跃响应曲线,如图 5-20 所示。

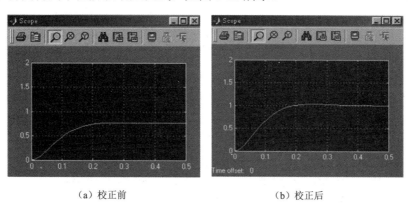

(a)校正前   (b)校正后

图 5-20 仿真得到的单位阶跃响应曲线

比较校正前、校正后的单位阶跃响应曲线,不难看出,比例积分校正能使系统的稳态性能得到明显的改善,但使系统的稳定性变差。为了能兼得二者的优点,又尽可能减少两者的副作用,常采用比例积分微分(PID)校正。

5.2.4 比例积分微分（PID）控制器

比例积分微分控制器是具有比例积分微分控制规律的控制器，常称为 PID 控制器。理想的 PID 控制器，输入偏差信号 $e(t)$ 与控制器的输出信号 $m(t)$ 有如下关系：

$$m(t) = K_P \left[e(t) + \frac{1}{T_i} \int_0^t e(t)\mathrm{d}t + \tau \frac{\mathrm{d}e(t)}{\mathrm{d}t} \right] \tag{5-8}$$

传递函数为

$$G_C(s) = K_P \left(1 + \frac{1}{T_i s} + \tau s \right) \tag{5-9}$$

式中，K_P 为比例系数；T_i 为积分时间常数；τ 为微分时间常数。

也可以表示成：

$$G_C(s) = K_P + \frac{K_I}{s} + K_D s \tag{5-10}$$

式中，K_P 为比例系数；K_I 为积分系数；K_D 为微分系数。

PID 控制器的方框图如图 5-21 所示。

PID 控制器的单位阶跃响应如图 5-22 所示。

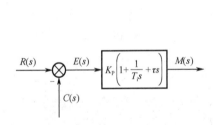

图 5-21 PID 控制器的方框图

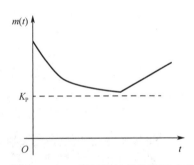

图 5-22 PID 控制器的单位阶跃响应

从图 5-22 可以看出，在单位阶跃输入信号作用下，控制系统动态过程的初始阶段，微分控制作用的输出很大，产生了一个大幅度的超前控制作用，加快了系统的响应速度。微分控制作用随后逐渐减小，而积分控制作用则逐步加强，直到稳态误差完全消失，比例控制作用始终存在。在 PID 控制中，比例控制是基本控制作用，而微分和积分则是叠加在比例控制上的，在控制系统动态过程的不同阶段，发挥不同的作用。动态过程初期，要求响应速度快，这时利用比例控制无时间延迟和微分控制有较大超前控制作用的特点。动态过程后期，要求控制精度高，这时利用比例控制与积分控制能消除稳态误差的特点。

例 5.4 图 5-23（a）所示为随动系统方框图。采用 PID 控制器，将系统固有部分合并后如图 5-23（b）所示。图 5-23 中 T_m 为伺服电动机的机电时间常数，设 T_m=0.2s；T_x 为检测滤波时间常数，设 T_x=10ms=0.01s；τ_0 为晶闸管延迟时间或触发电路滤波时间常数，设 τ_0=5ms；K_1 为系统的总增益，设 K_1=35。

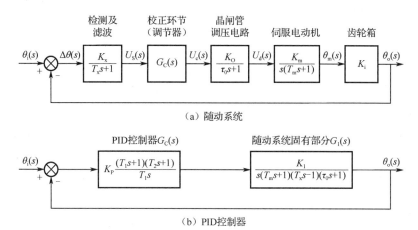

（a）随动系统

（b）PID控制器

图 5-23 具有 PID 控制器的系统方框图

常用的办法就是采用 PID 校正，设 PID 控制器的传递函数为

$$G_C(s) = \frac{K_P(T_1 s + 1)(T_2 s + 1)}{T_1 s}$$

于是校正后系统的开环传递函数为

$$G(s) = G_C(s)G_1(s)$$

$$= \frac{K_P(T_1 s + 1)(T_2 s + 1)}{T_1 s} \cdot \frac{K_1}{s(T_m s + 1)(T_x s + 1)(\tau_0 s + 1)}$$

设 $T_1 = T_m = 0.2\text{s}$，并且为了使校正后的系统有足够的相位裕量，取 $T_2 = 10T_x = 10 \times 0.01\text{s} = 0.1\text{s}$，$K_P = 2$。

校正前后控制系统的对数频率特性曲线如图 5-24 所示。

图 5-24 中曲线 Ⅰ 为系统固有部分的对数频率特性曲线，由图可知，其穿越频率 ω_c =14rad/s，相位裕量 $\gamma = 7.7°$。

图 5-24 中曲线 Ⅱ 为 PID 控制器的对数频率特性曲线。PID 控制器的传递函数为

$$G_C(s) = \frac{K_P(T_1 s + 1)(T_2 s + 1)}{T_1 s} = \frac{2(0.2s + 1)(0.1s + 1)}{0.2s}$$

由图 5-24 可知，其 $L(\omega)$ 水平部分高度为 $20\lg K_P = 20\lg 2 = 6\text{dB}$，其交界频率分别为 $\omega_1 = 5\text{rad/s}$，$\omega_2 = 10 \text{ rad/s}$；其 $\varphi(\omega)$ 为由 $-90°$ 到 $+90°$ 的曲线。

图 5-24 中曲线 Ⅲ 为校正后系统的对数频率特性曲线，曲线 Ⅲ 为曲线 Ⅰ 和曲线 Ⅱ 的叠加，即 Ⅲ = Ⅰ + Ⅱ。校正后系统的传递函数为

$$G(s) = \frac{2(0.2s + 1)(0.1s + 1)}{0.2s} \cdot \frac{35}{s(0.2s + 1)(0.1s + 1)(0.005s + 1)}$$

$$= \frac{2 \times 35}{0.2} \cdot \frac{(0.1s + 1)}{s^2(0.01s + 1)(0.005s + 1)}$$

$$= \frac{350(0.1s + 1)}{s^2(0.01s + 1)(0.005s + 1)}$$

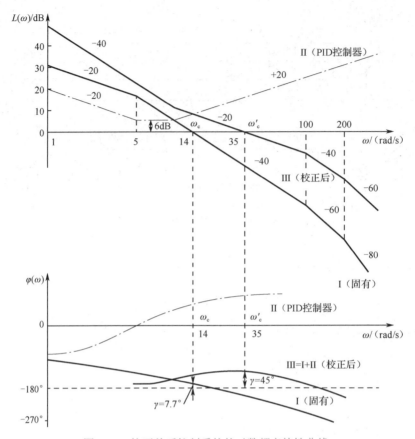

图 5-24　校正前后控制系统的对数频率特性曲线

由图 5-24 可知，校正后的穿越频率为 35rad/s，于是可求得相位裕量 $\gamma = 45°$。

对照系统校正前、后的曲线 I 和曲线 III，不难看出，增设 PID 控制器后：

（1）在低频段，由于 PID 控制器积分部分的作用，系统增加了一阶无静差度，改善了系统的稳态性能，使输入等速信号由有静差变为无静差。

（2）在中频段，由于 PID 控制器微分部分的作用（进行相位超前校正），使系统的相位裕量增加，这意味着最大超调量减小，振荡次数减少，从而改善了系统的动态性能（相对稳定性和快速性均有所改善）。

（3）在高频段，由于 PID 控制器微分部分的作用，使高频增益有所增加，从而降低系统的抗高频干扰的能力。

由于 PID 校正使系统在低频段相位后移，而在中、高频段相位前移，因此 PID 校正又称为相位滞后 – 超前校正。

进一步仿真得到单位阶跃响应曲线如图 5-25 所示。

比较校正前、校正后的单位阶跃响应曲线，不难看出 PID 校正使得系统的稳态性能和动态性能均得到了较好的改善，因此在要求较高的场合，通常采用 PID 校正。但是在实际使用过程中 PID 控制器的 3 个特性参数 K_p、T_i、τ 的选择是难点，如果选择不当，控制效果往往会受到影响。

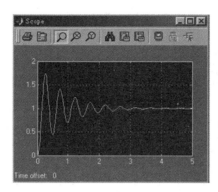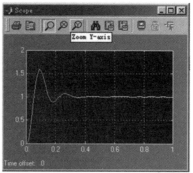

（a）校正前　　　　　　　　　　　　　（b）校正后

图 5-25　仿真得到的单位阶跃响应曲线

■ 5.3　反馈校正和复合校正

5.3.1　反馈校正

在主反馈环内，为改善系统性能而加入的反馈称为局部反馈。反馈校正除了具有与串联校正同样的校正效果，还具有串联校正所没有的效果。

1. 反馈校正的方式

通常反馈校正可分为硬反馈和软反馈。硬反馈校正装置的主体是比例环节（可能还含有小惯性环节），$G_C(s)=\alpha$（常数），它在系统的动态和稳态过程中都起反馈校正作用；软反馈校正装置的主体是微分环节（可能还含有小惯性环节），$G_C(s)=\alpha_s$，它只在系统的动态过程中起反馈校正作用，而在稳态时，反馈校正支路如同断路，不起作用。

2. 反馈校正的作用

在图 5-26 中，设固有系统被包围环节的传递函数为 $G_2(s)$，反馈校正环节的传递函数为 $G_C(s)$，则校正后系统被包围部分的传递函数变为

$$\frac{X_2}{X_1}=\frac{G_2(s)}{1+G_C(s)G_2(s)}$$

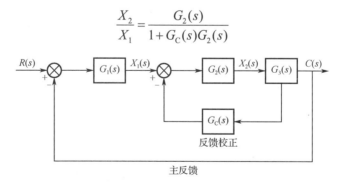

图 5-26　反馈校正在系统中的位置

反馈校正的作用如下。

（1）可以改变系统被包围环节的结构和参数，使系统的性能达到所要求的指标。

① 对系统的比例环节 $G_2(s)=K$ 进行局部反馈。

a. 当采用硬反馈，即 $G_C(s)=\alpha$ 时，校正后的传递函数为 $G(s)=\dfrac{K}{1+\alpha K}$，增益降低为原来的 $\dfrac{K}{1+\alpha K}$，对于那些因为增益过大而影响系统性能的环节，采用硬反馈是一种有效的方法。

b. 当采用软反馈，即 $G_C(s)=s$ 时，校正后的传递函数为 $G(s)=\dfrac{K}{1+\alpha Ks}$，比例环节变为惯性环节，惯性环节的时间常数变为 αK，动态过程变得平缓。对于希望过渡过程平缓的系统，经常采用软反馈。

② 对系统的积分环节 $G_2(s)=K/s$ 进行局部反馈。

a. 当采用硬反馈，即 $G_C(s)=\alpha$ 时，校正后的传递函数为

$$G(s)=\frac{K}{s+\alpha K}=\frac{1/\alpha}{\dfrac{1}{\alpha K}s+1}$$

含有积分环节的单元被硬反馈包围后，积分环节变为惯性环节，惯性环节的时间常数变为 $1/(\alpha K)$，增益变为 $1/\alpha$，有利于系统的稳定，但稳态性能变差。

b. 当采用软反馈，即 $G_C(s)=\alpha s$ 时，校正后的传递函数为 $G(s)=\dfrac{K/s}{1+\alpha K}=\dfrac{K}{(\alpha K+1)s}$，仍为积分环节，增益降为原来的 $1/(1+\alpha K)$。

③ 对系统的惯性环节 $G_2(s)=\dfrac{K}{Ts+1}$ 进行局部反馈。

a. 当采用硬反馈，即 $G_C(s)=\alpha$ 时，校正后的传递函数为

$$G(s)=\frac{K}{Ts+1+\alpha K}=\frac{K/(1+\alpha K)}{\dfrac{T}{1+\alpha K}s+1}$$

惯性环节的时间常数和增益均降为原来的 $1/(1+\alpha K)$，从而提高系统的稳定性和快速性。

b. 当采用软反馈，即 $G_C(s)=\alpha s$ 时，校正后的传递函数为 $G(s)=\dfrac{K}{(T+\alpha K)s+1}$，仍为惯性环节，时间常数增加为原来的 $(T+\alpha K)$ 倍。

（2）可以消除系统固有部分中不希望有的特性，从而削弱被包围环节对系统性能的不利影响。

当 $G_2(s)G_C(s)\gg 1$ 时，$\dfrac{X_2}{X_1}=\dfrac{G_2(s)}{1+G_C(s)G_2(s)}\approx\dfrac{1}{G_C(s)}$。

所以被包围环节的特性主要由校正环节决定，但此时对反馈环节的要求较高。

5.3.2 复合校正

1. 按输入补偿的复合校正

当系统的输入量可以直接或间接获得时，在输入端通过引入输入补偿这一控制环节，构成复合控

5.3.1 反馈校正　　　　5.3.2 复合校正

制系统，如图 5-27 所示。

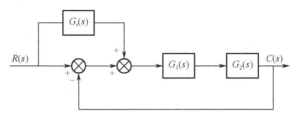

图 5-27　按输入补偿的复合校正

$$C(s)=G_2(s)\{G_r(s)R(s)+G_1(s)[R(s)-C(s)]\}$$
$$= G_2(s)G_r(s)R(s)+G_1(s)G_2(s)R(s)-G_1(s)G_2(s)C(s)$$

整理得

$$C(s) = \frac{G_2(s)G_r(s) + G_1(s)G_2(s)}{1 + G_1(s)G_2(s)}R(s)$$

误差为

$$E(s) = R(s) - C(s) = \frac{G_r(s)G_2(s)}{1 + G_1(s)G_2(s)}$$

如果满足 $1-G_r(s)G_2(s)=0$，即 $G_r(s)=1/G_2(s)$，则系统完全复现输入信号（$E(s)=0$），从而实现输入信号的全补偿。当然，要实现全补偿是非常困难的，但可以实现近似的全补偿，从而大幅度地减小输入误差，改善系统的跟随精度。

2. 按扰动补偿的复合校正

当系统的扰动量可以直接或间接获得时，可以采用按扰动补偿的复合校正，如图 5-28 所示。

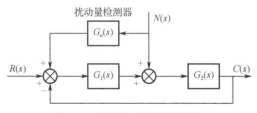

图 5-28　按扰动补偿的复合校正

不考虑输入控制，即 $R(s)=0$ 时，扰动作用下的误差为

$$E(s) = R(s) - C(s) = -C(s)$$
$$= -\frac{G_2(s)}{1 + G_1(s)G_2(s)}N(s) - \frac{G_n(s)G_1(s)G_2(s)}{1 + G_1(s)G_2(s)}N(s)$$
$$= -\frac{G_2(s) + G_n(s)G_1(s)G_2(s)}{1 + G_1(s)G_2(s)}N(s)$$

如果满足 $1+G_n(s)G_1(s)=0$，即 $G_n(s)=-1/G_1(s)$ 时，则系统因扰动产生的误差已全部被补偿（$E(s)=0$）。同理，要实现全补偿是非常困难的，但可以实现近似的全补偿，从而大幅度地减小扰动误差，显著地改善系统的动态性能和稳态性能。按扰动补偿的复合校正具有显著减小扰动稳态误差的优点，因此，在要求较高的场合得到广泛应用。

■ 5.4　PID 控制器参数的整定

一个自动控制系统的过渡过程或控制质量，与被控对象、干扰形式与大小、控制方案的确定及控制器参数整定有着密切的关系。在控制方案、广义对象的特性、控制规律都已确定的情况下，控制质量主要取决于控制器参数的整定。所谓控制器参数的整定，是指按照已确定的控制方案，求取使控制质量最好的控制器参数值。具体来说，就是确定最合适的控制器的比例度 δ（ $\delta = \dfrac{1}{K_P} \times 100\%$ ）、积分时间 T_i 和微分时间 τ。当然，这里所谓最好的控制质量不是绝对的，是根据生产工艺的要求而提出的所期望的控制质量。例如，对于单回路简单控制系统，一般希望过渡过程为 4∶1（或 10∶1）的衰减振荡过程。

控制器参数整定的方法很多，主要有两大类：一类是理论计算方法，另一类是工程整定法。

理论计算方法是根据已知的广义对象特性及控制质量的要求，计算出控制器的最佳参数。这种方法由于比较烦琐、工作量大，计算结果有时与实际情况不甚符合，故在工程实践中没有得到推广和应用。

工程整定法是在已经投运的实际控制系统中，通过试验或探索来确定控制器的最佳参数。这种方法是工艺技术人员在现场经常用到的。下面介绍常用的工程整定法。

5.4.1　临界比例度法

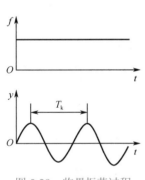

图 5-29　临界振荡过程

临界比例度法又称稳定边界法，是目前使用较多的一种方法。它先通过试验得到临界比例度 δ_k 和临界周期 T_k，再根据由经验总结出来的关系求出控制器各参数值。具体做法如下：

在闭环控制系统中，先将控制器变为纯比例作用环节，即将 T_i 放在"∞"位置上， τ 放在"0"位置上，在干扰作用下，从大到小地逐渐改变控制器的比例度 δ，直至系统产生等幅振荡（临界振荡），如图 5-29 所示。这时的比例度称为临界比例度 δ_k，周期为临界振荡周期 T_k。记下 δ_k 和 T_k，并按表 5-1 中的经验公式计算出控制器的各参数整定值。

表 5-1　临界比例度法参数计算公式表

控制作用	比例度 $\delta\%$	积分时间 T_i/min	微分时间 τ/min
比例	$2\delta_k$		
比例 + 积分	$2.2\delta_k$	$0.85T_k$	
比例 + 微分	$1.8\delta_k$		$0.1T_k$
比例 + 积分 + 微分	$1.7\delta_k$	$0.5T_k$	$0.125T_k$

临界比例度法比较简单，使用方便，适用于一般的控制系统。但是对于临界比例度很

小的系统不适用。因为临界比例度很小，则控制器输出的变化一定很大，被调参数容易超出允许范围，影响生产的正常运行。

临界比例度法要使系统达到等幅振荡后，才能找出 δ_k 与 T_k，因此对于工艺上不允许产生等幅振荡的系统也不适用。

例 5.5　某被控对象为二阶惯性环节，其方框图如图 5-30 所示。其固有传递函数为

$$G(s) = \frac{1}{(5s+1)(2s+1)}$$

5.4.1 Simulink 介绍

5.4.2 Simulink 在系统校正中的应用

测量装置和调节阀的特性为

$$G_m(s) = \frac{1}{10s+1}, \quad G_v(s) = 1$$

现采用临界比例度法整定 PID 参数，分析其整定过程。

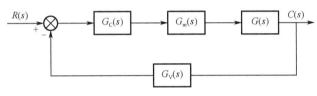

图 5-30　系统方框图

解：分析过程如下：

（1）利用 MATLAB 的 Simulink 工具箱里的工具，搭建系统方框图，如图 5-31 所示。

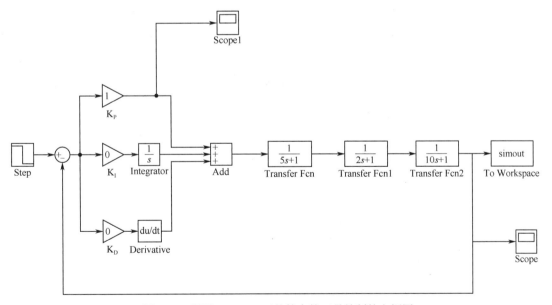

图 5-31　利用 Simulink 工具箱中的工具绘制的方框图

（2）为得到响应曲线，将仿真环境中的 "Stop Time" 设置为 60，"Relative tolerance" 设置为 "1e-5"。

（3）未整定 PID 参数前，在比例系数 $K_P=1$ 的调节下，被控系统的输出曲线如图 5-32 所示。

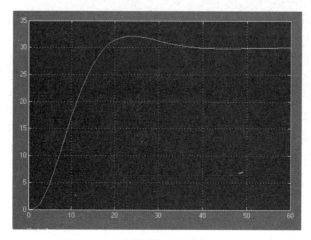

5.4.3 PID 参数的
整定

图 5-32 整定前被控系统的输出曲线

（4）利用临界比例度法整定 PID 参数。先选取较大的 K_P，例如 100，使系统出现不稳定的等幅振荡，再采取折半取中的方法寻找临界增益，例如第一个点是 K_P =50，如果仍未出现等幅振荡，则选取下一点 K_P =25，否则选取 K_P =75，直到出现等幅振荡为止。等幅振荡曲线如图 5-33 所示。

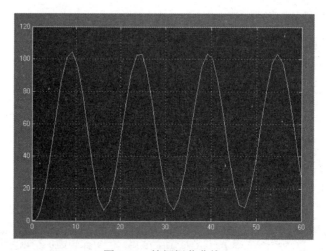

图 5-33 等幅振荡曲线

选取的 K_P=12.5，此时 T_k 大概为 15.2。按照临界比例度法计算 PID 参数。参照稳定边界法的计算公式得 K_P =7.500，K_I =0.9868，K_D =14.2500。

例 5.6 某控制系统的广义被控对象的传递函数为

$$G(s) = \frac{1}{(5s+1)(2s+1)(10s+1)}$$

采用临界比例度法进行参数整定。

解：（1）搭建 Simulink 模型方框图，如图 5-34 所示。

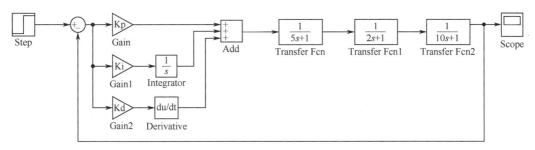

图 5-34　Simulink 模型方框图

（2）设置初始参数为 K_P =1，K_I =0，K_D =0。启动仿真功能，得到系统的阶跃响应曲线，如图 5-35（a）所示。逐步增大 K_P，得到系统的等幅振荡曲线，如图 5-35（b）所示。此时，K_K =12.5，T_k=15.12。

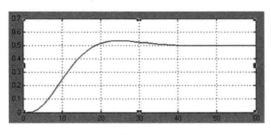

（a）阶跃响应曲线

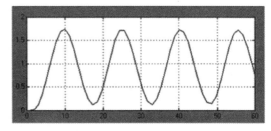

（b）等幅振荡曲线

图 5-35　阶跃响应曲线与等幅振荡曲线

（3）采用 PID 控制，由经验公式计算可得：K_P =0.6，T_i =0.5T_k =7.56，　τ =0.125 T_k =1.89。故积分项系数 K_I = K_P / T_i =0.992，微分项系数 K_D = K_P / τ =14.175。其响应曲线如图 5-36 所示。

（4）由图 5-36 可知，系统的超调量仍较大，可通过减小积分系数来减小超调量，取 K_I =0.4，K_P、K_D 不变，得到新的响应曲线，如图 5-37 所示，可以看出，过渡时间、超调量都有所减小。

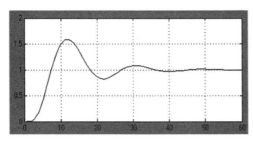

图 5-36　进行 PID 控制后的响应曲线

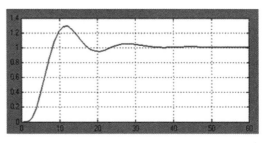

图 5-37　新的响应曲线

5.4.2　衰减曲线法

衰减曲线法是通过使系统产生衰减振荡来整定控制器的参数值的，具体做法如下：

在闭环控制系统中，先将控制器变为纯比例作用环节，并将比例度预置在较大的数值上。在达到稳定后，用改变给定值的办法加入阶跃干扰，观察被控变量的变化，记录曲线的衰减比，然后从大到小改变比例度，直至出现 4 ：1 的衰减比为止，如图 5-38（a）所示，记下此时的比例度 δ_s（称为 4 ：1 衰减比例度），从曲线上得到衰减周期 T_s。最后根据表 5-2 中的经验公式，求出控制器的参数整定值。

表 5-2　控制器参数计算表（衰减曲线法）

控制作用	比例度 $\delta/\%$	积分时间 $T_i/\min$	微分时间 $\tau/\min$
比例	δ_s		
比例 + 积分	$1.2\delta_s$	$0.5T_s$	
比例 + 积分 + 微分	$0.8\delta_s$	$0.3T_s$	$0.1T_s$

有的过程，按 4 ：1 衰减振荡仍过强，可采用 10 ：1 衰减曲线法，过程如图 5-38（b）所示。方法同上，不再做具体介绍。

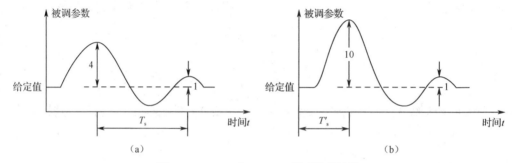

图 5-38　4 ：1 和 10 ：1 衰减振荡过程

采用衰减曲线法必须注意以下几点。

（1）所加的干扰幅值不能太大，要根据生产操作要求来定，一般为额定值的 5% 左右，也有例外的情况。

（2）必须在工艺参数稳定的情况下施加干扰，否则得不到正确的 δ_s 和 T_s。

（3）对于反应快的系统参数，如流量、管道压力和液位等，要在记录曲线上严格得到 4 ：1 衰减曲线比较困难。一般被控变量来回波动两次达到稳定，就可以近似地认为进入 4 ：1 衰减过程。

衰减曲线法比较简单，适用于一般情况下的各种参数的控制系统。但对于干扰频繁，记录曲线不规则，不断有小摆动的情况，由于不易得到准确的衰减比例度 δ_s 和衰减周期 T_s，这种方法不适用。

例 5.7　已知系统方框图如图 5-39 所示，采用 PID 控制器，使得控制系统的性能达到最优。

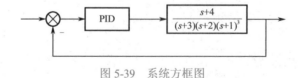

图 5-39　系统方框图

解：（1）建模。

首先建立加入 PID 控制器的系统模型，其方框图如图 5-40 所示，图中 Transfer Fcn 对应积分环节，Transfer Fcn1 对应微分环节。在未加 PID 控制器的情况下，得到的输出波形如图 5-41 所示。在图 5-41 中，系统的稳态误差较大，为非理想状态。

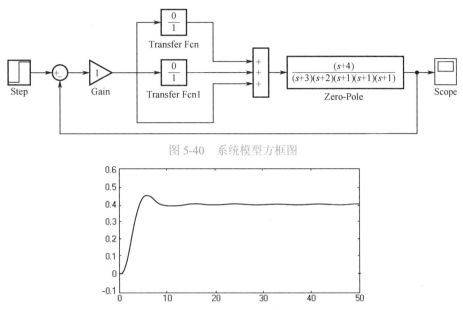

图 5-40　系统模型方框图

图 5-41　未加 PID 控制器的输出波形

（2）整定。

根据衰减曲线法，首先令积分环节和微分环节模块不发生作用，单独调节比例参数，大约在 K=1.6 时，出现了 4∶1 的衰减比，此时，根据经验公式换算相关参数，直接设定积分环节和微分环节的参数，对参数进行微调直到达到最佳状态。整定好的 PID 控制系统方框图如图 5-42 所示，整定后的输出波形如图 5-43 所示。

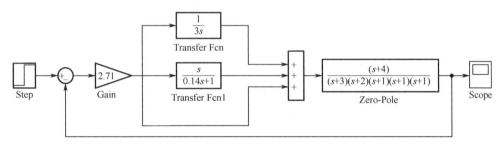

图 5-42　整定好的 PID 控制系统方框图

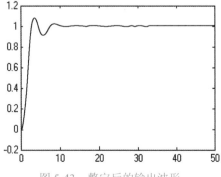

图 5-43　整定后的输出波形

（3）结果分析。

系统的稳态误差为 0，超调量为 4% 左右，接近系统的理想输出状态。

5.4.3 经验凑试法

经验凑试法是在长期的生产实践中总结出来的一种整定方法。它是根据经验将控制器参数设定为一个数值，直接在闭环控制系统中通过改变给定值施加干扰，在记录仪上观察过渡过程曲线，根据 δ、T_i、τ 对过渡过程的影响，按照规定顺序，对比例度 δ、积分时间 T_i 和微分时间 τ 逐个整定，直到获得满意的过渡过程。

各类控制系统中控制器参数的经验数据，列于表 5-3 中，供整定时参考。

表 5-3 控制器参数的经验数据表

控制对象	对象特性	δ/%	T_i/min	τ/min
流量	对象时间常数小，参数有波动，δ 要大，T_i 要小；不加微分环节	40～100	0.3～1	
温度	对象容量滞后较大，即参数受干扰后变化迟缓，δ 应小，T_i 要小；一般不需加微分环节	20～60	3～10	0.5～3
压力	对象容量滞后不算大，一般不需加微分环节	30～70		
液位	对象时间常数范围较大。要求不高时，δ 可在一定范围内选取，一般不加微分环节	20～80	0.4～3	

表 5-3 中给出的只是一个大体范围，有时变动较大。例如，流量控制系统的 δ 值有时需在 200% 以上；有的温度控制系统，由于容量滞后大，T_i 往往要在 15min 以上。另外，选取 δ 值时尚应注意测量部分的量程和控制阀的尺寸，如果量程小（相当于测量变送器的放大系数 K_m 大）或控制阀的尺寸选大了（相当于控制阀的放大系数 K_v 大）时，δ 应适当选大一些，即 K_P 小一些，这样可以适当补偿 K_m 大或 K_v 大带来的影响，从而使整个回路的放大系数保持在一定范围内。

经验凑试法的关键是"看曲线，调参数"。因此，必须弄清楚控制器参数变化对过渡过程曲线的影响。一般来说，在整定中，观察到曲线振荡很频繁，必须把比例度增大以减小振荡；当曲线最大偏差大且趋于非周期过程时，必须把比例度减小。当曲线波动较大时，应增大积分时间；而在曲线偏离给定值后长时间回不来，则必须减小积分时间，以加快消除余差的过程。如果曲线振荡得厉害，必须把微分时间减到最小，或者暂时不加微分环节，以免加剧振荡；在曲线最大偏差大而衰减缓慢时，必须增大微分时间。经过反复凑试，一直调到过渡过程振荡两个周期后基本达到稳定，品质指标达到工艺要求为止。

在一般情况下，比例度过小、积分时间过小或微分时间过大，都会产生周期性的激烈振荡。但是，积分时间过小引起的振荡，周期较长；比例度过小引起的振荡，周期较短；微分时间过大引起的振荡，周期最短。如图 5-44 所示，曲线 a 的振荡是积分

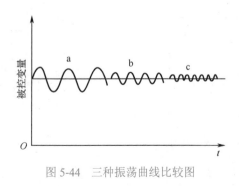

图 5-44 三种振荡曲线比较图

时间过小引起的，曲线 b 的振荡是比例度过小引起的，曲线 c 的振荡则是微分时间过大引起的。

对比例度过小、积分时间过小和微分时间过大引起的振荡，还可以这样进行判别：从给定值指针动作之后，一直到测量指针发生动作，如果这段时间短，应把比例度增大；如果这段时间长，应把积分时间增大；如果时间最短，应把微分时间减小。

如果比例度过大或积分时间过大，都会使过渡过程变化缓慢，应如何判别这两种情况呢？一般来说，比例度过大，曲线波动较剧烈，不规则地偏离给定值，而且，形状像波浪般起伏变化，如图 5-45 中曲线 a 所示。如果曲线通过非周期的不正常路径慢慢地恢复到给定值，则说明积分时间过大，如图 5-45 中曲线 b 所示。应当注意，积分时间过大或微分时间过大，超出允许的范围时，不管如何改变比例度，都是无法补救的。

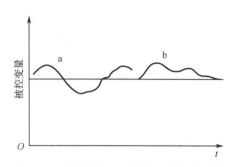

图 5-45　比例度过大、积分时间过大时两种曲线比较图

经验凑试法的特点是方法简单，适用于各种控制系统，因此应用非常广泛。特别是外界干扰作用频繁，记录曲线不规则的控制系统，采用此法最为合适。但是此法主要靠经验，在缺乏实践经验或过渡过程本身进行较慢时，往往较为费时。值得注意的是，对于同一个系统，不同的人采用经验凑试法整定，可能得出不同的参数值，这是由于对每一条曲线的看法，有时会因人而异，没有一个很明确的判断标准，而且不同的参数匹配有时会使所得过渡过程的衰减情况极为相近。

最后必须指出，在一个自动控制系统投运时，控制器的参数必须整定，才能获得满意的控制质量。同时，在生产过程中，如果工艺操作条件改变或负荷有很大的变化，被控对象的特性就要改变，因此，控制器的参数必须重新整定。由此可见，整定控制器参数是经常要做的工作，对工艺人员与仪表人员来说，都是需要掌握的。

■ 5.5　摩托车距离控制系统设计

摩托车距离控制系统方框图如图 5-46 所示，其中输入为理想距离，输出为实际距离，通过传感器反馈距离信息，其内部发动机固有传递函数为

$$G(s) = \frac{1}{s^2 + 10s + 20}$$

试设计不同的比例（P）控制器、PD 控制器、PI 控制器、PID 控制器，使单位响应曲线满足：

（1）位移稳态值为 1；

（2）较短的上升时间和过渡时间；

（3）较小的超调量；

（4）静态误差为零。

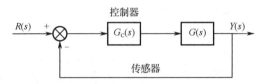

图 5-46　摩托车距离控制系统方框图

解：（1）求未加入任何校正装置的系统的阶跃响应的命令如下：

```
>>clear all ;
  num=[0 0 1] ;
  den=[1 10 20] ;
  h=tf(num, den) ;
  step(h)
```

通过 MATLAB 软件分析，结果如图 5-47 所示，可知系统的开环响应曲线未发生振荡，为过阻尼系统。显然，系统的响应速度太慢，稳态误差太大，不能满足要求，可考虑使用比例控制器。

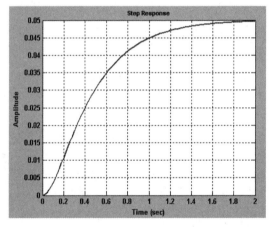

图 5-47　未加入任何校正装置的系统的阶跃响应曲线

（2）比例控制器设计。

我们知道增大比例系数 K_P 可以降低稳态误差，减小上升时间和过渡时间，因此在系统中串联一个比例控制器。

把原始的系统看作开环系统，加入比例控制器，构成闭环系统。闭环系统的方框图如图 5-48 所示。

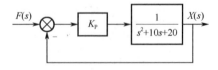

图 5-48　闭环系统的方框图（比例控制器）

传递函数为

$$G(s) = \frac{X(s)}{F(s)} = \frac{1}{s^2 + 10s + 20 + K_P}$$

求加入比例控制器后系统的阶跃响应的命令如下：

```
>>num1=[0 0 100];
  den1=[1 10 20+100];
  num2=[0 0 300];
  den2=[1 10 20+300];
  num3=[0 0 500];
  den3=[1 10 20+500];
  h1=tf(num1, den1);
  h2=tf(num2, den2);
  h3=tf(num3, den3);
  step(h1, h2, h3)
```

加入比例控制器后的阶跃响应曲线如图 5-49 所示。

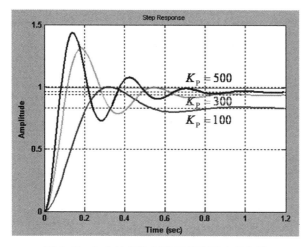

图 5-49　加入比例控制器后的阶跃响应曲线

从图 5-49 可以看出：随着比例系数 K_P 的增加，响应速度越来越快，稳态误差越来越小，但不能完全消除，超调量越来越大。可以考虑采用 PD 控制器来减小超调量。

（3）比例微分（PD）控制器设计。

我们知道增大微分系数 K_D 可以降低超调量，减小过渡时间，对上升时间和稳态误差影响不大。因此可以选择 PD 控制，即在系统中串联一个比例控制器和一个微分控制器。

把原始系统看作开环系统，加入 PD 控制器，构成闭环系统。闭环系统的方框图如图 5-50 所示。

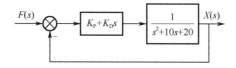

图 5-50　闭环系统的方框图（PD 控制器）

传递函数为

$$G(s) = \frac{X(s)}{F(s)} = \frac{K_D s + K_P}{s^2 + (10 + K_D)s + (20 + K_P)}$$

选择 $K_P=300$，$K_D=10$，加入 PD 控制器后的阶跃响应曲线如图 5-51（红线表示使用微分控制，蓝线表示未使用微分控制）所示。

求加入 PD 控制器后系统的阶跃响应的命令如下：

```
>>clear all;
  num1=[0 0 300];
  den1=[1 10 20+300];
  num2=[0 10 300];
  den2=[1 10+10 20+300];
  h1=tf(num1,den1);
  h2=tf(num2,den2);
  t=0:0.01:1.2;
  step(h1,h2)
```

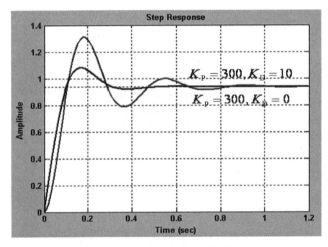

图 5-51　加入 PD 控制器后的阶跃响应曲线

从图 5-51 可以看出：加入微分控制，在其他控制参数不变的情况下，系统超调量下降很多，振荡次数明显减少，其他性能指标不变。现在的问题是稳态误差不为零，可用积分控制来解决。

（4）比例积分（PI）控制器设计。

我们知道，增大积分系数 K_I 可以消除稳态误差。因此，为了消除稳态误差，可以考虑选择 PI 控制，也就是在系统中串联一个比例控制器和一个积分控制器。

把原始的系统看作开环系统，加入 PI 控制器，构成闭环系统。闭环系统的方框图如图 5-52 所示。

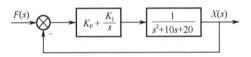

图 5-52　闭环系统的方框图（PI 控制器）

传递函数为

$$G(s)=\frac{X(s)}{F(s)}=\frac{K_{\mathrm{P}}s+K_{\mathrm{I}}}{s^3+10s^2+(20+K_{\mathrm{P}})s+K_{\mathrm{I}}}$$

考虑到加入积分环节会影响稳定性，因此，加入积分环节时，要减小比例环节的作用。加入 PI 控制器后的阶跃响应曲线如图 5-53 所示。

求加入 PI 制器后系统的阶跃响应的命令如下：

```
>>clear all;
  num1=[300 0];
  den1=[1 10 20+300 0];
  num2=[30 70];
  den2=[1 10 20+30 70];
  h1=tf(num1,den1);
  h2=tf(num2,den2);
  t=0:0.01:1.2;
  step(h1,h2)
```

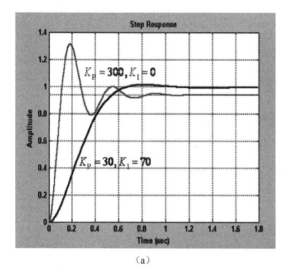

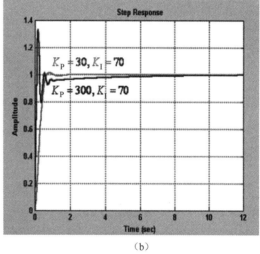

(a)   (b)

图 5-53 加入 PI 控制器后的阶跃响应曲线

图 5-53（a）显示了未加入和加入积分环节后的阶跃响应曲线。加入积分环节的同时，需减小比例环节的作用。图 5-53（b）显示了不减小比例环节作用的结果。加入积分环节的缺点：调整时间增大，快速性降低。优点：消除稳态误差。如果希望系统各方面的性能指标都达到要求，一般要采取 PID 控制。

（5）比例积分微分（PID）控制器设计。

对于相当多的实际系统，采用 PID 控制一般都能取得满意的效果。PID 控制器的三个参数利用试凑法或一些经验公式获得。

把原始的系统看作开环系统，加入 PID 控制器，构成闭环系统。闭环系统的方框图如图 5-54 所示。

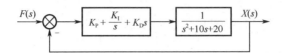

图 5-54 闭环系统的方框图（PID 控制器）

传递函数为

$$G(s) = \frac{X(s)}{F(s)} = \frac{K_D s^2 + K_P s + K_I}{s^3 + (10 + K_D)s^2 + (20 + K_P)s + K_I}$$

加入 PID 控制器后的阶跃响应曲线如图 5-55 所示。

求加入 PID 控制器后系统的阶跃响应的命令如下：

```
>>clear all;
  Kp=600;
  Ki=800;    %Ki=1/Ti
  Kd=50;     %Kd=1/Td
  num=[0 Kd Kp Ki];
  den=[1 10+Kd 20+Kp Ki];
  h=tf(num,den);
  step(h)
```

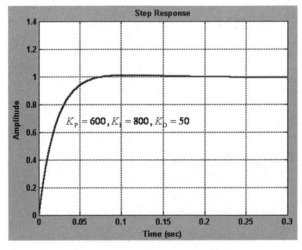

图 5-55 加入 PID 控制器后的阶跃响应曲线

可见，系统的性能指标已经相当好了。应当注意的是，PID 控制器的三个参数的选择不是唯一的。PID 控制器的控制效果不一定是最优的。

■ 本章小结

1. 系统校正就是在原有的系统中，有目的地增添一些装置（或部件），人为地改变系统的结构和参数，使系统性能得到改善，以达到所要求的性能指标。

2. 根据校正装置在系统中的不同位置，控制系统的校正一般有串联校正、反馈校正和复合校正三种方式。

3. 在校正装置中,基本的控制规律有比例(P)、微分(D)、积分(I)、比例微分(PD)、比例积分(PI)、比例积分微分(PID)。

4. 串联校正对系统结构、性能的改善效果明显,校正方法直观、实用,但无法避免系统中元件(或部件)参数变化对系统性能的影响。

5. 反馈校正能改变被包围环节的参数、性能,甚至可以改变原环节的性质。这一特点使反馈校正能用来抑制元件(或部件)参数变化和内、外部扰动对系统性能的消极影响,有时甚至可取代局部环节。由于反馈校正可能会改变被包围环节的性质,因此也可能会带来副作用。例如含有积分环节的单元被硬反馈包围后,便不再有积分效应,因此会降低系统的无静差度,使系统的稳态性能变差。

6. 具有顺馈补偿和反馈环节的复合控制可减小系统误差(包括稳态误差和动态误差),但补偿量要适度,过量补偿会引起振荡。

7. PID 控制器常见的参数整定方法有临界比例度法、衰减曲线法和经验凑试法。

8. Simulink 是由 Math Works 软件公司为 MATLAB 开发的新的控制系统模型图输入与仿真工具。

■ 习题

5-1　什么是系统校正?系统校正有哪些类型?校正的目的是什么?为什么不能用改变系统开环增益的办法来实现?

5-2　比例校正调整的是什么参数?它对系统的性能产生什么影响?

5-3　PD 校正调整系统的什么参数?它对系统的性能产生什么影响?

5-4　PI 校正调整系统的什么参数?它使系统在结构方面发生怎样的变化?它对系统的性能产生什么影响?

5-5　PID 校正调整系统的什么参数?它使系统在结构方面发生怎样的变化?它对系统的性能产生什么影响?

5-6　为什么 PID 校正称为相角滞后－超前校正,而不称为相角超前－滞后校正?相角既滞后又超前,能否相互抵消?能不能将这种校正更改为相角超前－滞后校正?若做这样的更改,又会对系统产生怎样的影响?

5-7　在自动控制系统中,若串联校正装置的传递函数为

$$G_C(s) = \frac{0.02s+1}{0.01s+1}$$

问这属于哪一类校正? 试定性分析它对系统性能的影响。

5-8　单位反馈控制系统原有的开环传递函数为 $G_0(s)$ 和串联校正装置的传递函数 $G_C(s)$ 的对数幅频特性曲线如图 5-56 所示。

(1)试写出每种方案校正后的系统开环传递函数表达式;

(2)比较两种校正效果的优缺点。

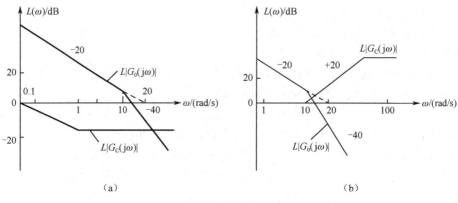

图 5-56 习题 5-8 图

5-9 PID 参数怎样调整？

5-10 某过程控制系统，采用临界比例度法测得 $\delta_k=15\%$，$T_k=1\min$，若控制器为 PI 控制器，试确定其参数。

第6章
直流调速系统

直流调速系统在反馈控制理论及实践应用上比较成熟，其经典性可强化对系统构成思想、系统调试方法的学习。本章通过介绍直流调速系统的系统结构、关键部件、性能指标、参数确定与调试、实例和仿真分析，建立较为扎实的控制系统分析与设计的基础。

■ 6.1 直流调速系统概述

直流调试系统具有良好的启动和制动性能，可以方便地在大范围内平滑调速。直流调速系统具有优越的调速性能，因而在许多工业场所一直被使用。

6.1 直流调速系统
介绍

在电动机原理的相关课程中，已知直流电动机转速 n 的表达式为

$$n = \frac{U_\mathrm{d} - I_\mathrm{a}\sum R_\mathrm{a}}{C_\mathrm{e}\phi} \ (\mathrm{r}/\mathrm{min}) \tag{6-1}$$

式中，U_d 为电枢两端供电电压；I_a 为电枢电压；R_a 为电枢回路总电阻；C_e 为电动势常数；ϕ 为直流电动机的励磁磁通。

由式（6-1）可知，直流电动机转速 n 的控制方法有以下三种：

（1）调节电枢供电电压。改变电枢电压主要是指使其从额定电压降下来，电动机的速度从额定速度降下来，属于恒转矩调速方法。

（2）改变电动机的主磁通。该方法的优点是能够实现平滑调速；缺点是调速范围小，而且通常配合调压调速在基速以上做小范围的升速。该方法现已很少单独使用，通常以非独立控制励磁的方式出现。

（3）改变电枢回路电阻。即在电动机电枢回路外串电阻进行调速的方法。该方法的优点是系统结构简单；缺点是效率低。因此该方法适合小功率直流电动机开环控制且只能有级调速。

调节电枢电压是直流调速系统的主要调速方法。改变电动机电枢电压必须依赖可控直流电源。可控直流电源主要分为两类：一类采用半控型器件——晶闸管，将通过相位控制得到的晶闸管变流装置作为可变直流电源，它主要用于大功率的调速系统中；另一类采用全控型器件——绝缘栅双极型晶体管等，以采用脉冲宽度调制方式得到的脉冲宽度调制装置作为可变直流电源，它主要用于中小功率的调速系统中。本章主要讲述基于晶闸管变流装置的直流调速系统的组成、工作原理及系统静、动态特性等。

■ 6.2 单闭环直流调速系统的工作原理

6.2 单闭环直流调速系统的设计

转速负反馈直流调速系统的工作原理如图 6-1 所示。

转速负反馈直流调速系统由转速给定单元、转速调节器、触发器、晶闸管整流装置、测速发电机等组成。

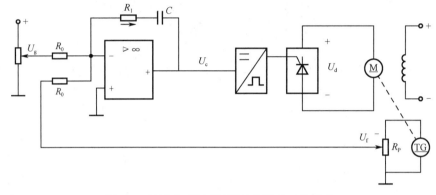

图 6-1　转速负反馈直流调速系统的工作原理

直流测速发电机输出电压与电动机转速成正比。经分压器分压取出与转速 n 成正比的转速反馈电压 U_f。

比较转速给定电压 U_g 与 U_f，并将其偏差电压 $\Delta U = U_g - U_f$ 送入转速调节器输入端。

转速调节器输出电压作为触发器移相控制电压 U_c，从而控制晶闸管整流装置输出电压 U_d。

本闭环调速系统只有一个转速反馈环，故称为单闭环调速系统。

设系统在负载 T_L 时，电动机以给定转速 n 稳定运行，此时电枢电流为 I_a，对应转速反馈电压为 U_f，晶闸管整流装置输出电压为 U_d。

$$n = \frac{U_d - I_a(R_a + R_P)}{C_e\phi} = \frac{U_d}{C_e\phi} - \frac{R_a + R_P}{C_e\phi} I_a = n_0 - \Delta n \qquad (6\text{-}2)$$

当电动机负载 T_L 增大时，电枢电流 I_d 也增大，电枢回路压降增大，电动机转速下降，则 U_f 也相应下降，而转速给定电压 U_g 不变，$\Delta U = U_g - U_f$ 增加。

转速调节器输出电压 U_c 增大，使控制角 α 减小，晶闸管整流装置输出电压 U_d 增大，于是电动机转速便自动回升，其调节过程可简述如下：

$$T_L\uparrow \to I_a\uparrow \to I_a(R_a + R_P)\uparrow \to n\downarrow \to U_f\downarrow \to \Delta U\uparrow \to U_c\uparrow \to \alpha\uparrow \to U_d\uparrow \to n\uparrow$$

■ 6.3 双闭环直流调速系统的工作原理

6.3 双闭环直流调速系统的设计

为了分别实现转速和电流两种负反馈作用，可在系统中设置两个调节器，分别调节转速和电流，即分别引入转速负反馈和电流负反馈，二者之间实行串联连接，如图 6-2 所示。先把转速调节器 ASR 的输出当作电流调节器 ACR 的输入，再用电流调节器的输出去控制晶闸管变流器。从闭环结构上看，电流环在里面，称为内环；转速环在外边，称为外环。

为了获得良好的静态性能和动态性能，转速调节器和电流调节器一般都采用 PI 调节器，这样就构成了双闭环直流调速系统。

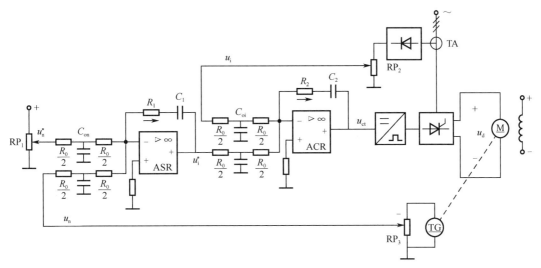

图 6-2　转速、电流双闭环直流调速系统的工作原理

转速、电流双闭环直流调速系统的工作原理如图 6-2 所示。转速调节器 ASR 和电流调节器 ACR 都是 PI 调节器；TG 为测速发电机，与 RP_3 一起构成转速检测与反馈环节；TA 为电流互感器，与二极管整流装置 RP_2 一起构成电流检测与反馈环节。

电动机在启动阶段，电动机的实际转速（电压）低于给定值，速度调节器的输入端存在一个偏差信号。经放大后输出的电压保持为限幅值，速度调节器工作在开环状态，速度调节器的输出电压作为电流给定值送入电流调节器，此时则以最大电流给定值使电流调节器输出移相信号，直流电压迅速上升，电流随即增大，直到等于最大给定值。电动机以最大电流恒流加速启动。电动机的最大电流（堵转电流）可以通过整定速度调节器的输出限幅值来改变。在电动机转速上升到给定转速后，速度调节器输入端的偏差信号减小到近似为零，速度调节器和电流调节器退出饱和状态，闭环调节开始起作用。对负载引起的转速波动，速度调节器输入端产生的偏差信号将随时通过速度调节器、电流调节器来修正触发器的移相电压，使整流装置输出的直流电压产生相应变化，从而校正和补偿电动机的转速偏差。另外，电流调节器的小时间常数还能够对电网波动引起的电动机电枢电流的变化进行快速调节。可以在电动机转速还未来得及发生改变时，迅速使电流恢复到原来值，从而更好地稳定于某一转速下运行。

■ 6.4　单闭环直流调速系统的设计

在图 6-1 中，电动机和整流装置的有关参数如下：直流电动机额定功率 P_N=2.2kW，额定电压 U_N=160V，额定电流 I_N=16.5A，额定转速 n_N=1500r/min，电枢回路总电阻 R_a=0.93Ω，电枢回路总电感 L_a=27mH，电动机的飞轮惯量 GD^2=7.1N·m²，电动势常数

C_e=0.096V/(r/min)。转速反馈系数 α=0.01V/(r/min)；触发和整流电路的放大系数 K_i=40，整流电路的时滞时间常数 T_s=0.00167s。如何选取调节器参数，能使系统具有较好的动态和稳态性能？用频域分析法分析系统的稳定裕量。

系统性能分析的一般方法如下：

（1）建立系统的数学模型，即方框图，求出系统的传递函数；

（2）应用时域分析法分析系统的动态和稳态性能，确定调节器参数；

（3）应用频域分析法分析系统的稳定裕量。

下面分析系统的性能。

1. 系统数学模型的建立

1）转速调节器的数学模型

图 6-3 所示为转速调节器的电路图，分析其输入、输出关系可得方程组：

$$\begin{cases} i_1 = i_g - i_f \\ i_g = \dfrac{u_g}{R_0} \\ i_f = \dfrac{u_f}{R_0} \\ R_1 i_1 + \dfrac{1}{C}\int i_1 \mathrm{d}t = u_c \end{cases} \qquad (6\text{-}3)$$

对方程组进行拉氏变换，并消去中间变量可得

$$U_c(s) = [U_g(s) - U_f(s)] \cdot \frac{K_c(\tau_1 s + 1)}{\tau_1 s} \qquad (6\text{-}4)$$

式中，$K_c = \dfrac{R_1}{R_0}$，称为转速调节器的比例系数；$\tau_1 = R_1 C$，称为转速调节器的时间常数。

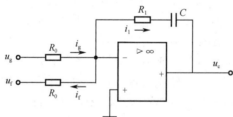

图 6-3　转速调节器的电路图

将式（6-4）转化为方框图，如图 6-4 所示。

2）触发与整流电路的数学模型

晶闸管整流装置相当于一个比例放大环节 $U_d(s) = K_s U_c(s)$。

晶闸管整流装置具有时滞性，时滞时间常数为 T_s，它因整流电路不同而不同，三相桥式整流电路一般取 T_s=0.00167s。

整流装置的传递函数为

$$G(s) = \frac{U_d(s)}{U_c(s)} = K_s \mathrm{e}^{-T_s s} \qquad (6\text{-}5)$$

由于 T_s 很小，可将上述传递函数近似处理为惯性环节，即

$$G(s) = K_{\text{s}}\text{e}^{-T_{\text{s}}s} \approx \frac{K_{\text{s}}}{T_{\text{s}}s+1} \tag{6-6}$$

将式（6-6）转化为方框图，如图 6-5 所示。

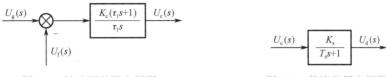

图 6-4　转速调节器方框图　　　　　　图 6-5　整流装置方框图

3）直流电动机的数学模型

以电枢电压为输入量，以转速为输出量，可建立并励直流电动机的电势微分方程和运动微分方程：

$$\begin{cases} U_{\text{d}} = RI_{\text{a}} + L_{\text{a}}\dfrac{\text{d}I_{\text{a}}}{\text{d}t} + E_{\text{a}} \\[2mm] T_{\text{a}} - T_{\text{L}} = \dfrac{\text{GD}^2}{375} \cdot \dfrac{\text{d}n}{\text{d}t} \end{cases} \tag{6-7}$$

整理得：

$$\begin{cases} U_{\text{d}} - E_{\text{a}} = R\left(I_{\text{a}} + T_{\text{e}}\dfrac{\text{d}I_{\text{a}}}{\text{d}t}\right) \\[2mm] I_{\text{a}} - I_{\text{L}} = \dfrac{T_{\text{m}}}{R} \cdot \dfrac{\text{d}E_{\text{a}}}{\text{d}t} \end{cases} \tag{6-8}$$

其中，$T_{\text{e}} = \dfrac{L_{\text{a}}}{R_{\text{a}}} = 0.029$，为电磁时间常数；$T_{\text{m}} = \dfrac{\text{GD}^2 R_{\text{a}}}{375 C_{\text{e}} C_{\text{T}} \phi^2} = 0.2$，为机电时间常数。

对上式进行拉氏变换得：

$$\begin{cases} U_{\text{d}}(s) - E_{\text{a}}(s) = I_{\text{a}}(s)R(1 + T_{\text{e}}s) \\[2mm] I_{\text{a}}(s) - I_{\text{L}}(s) = \dfrac{T_{\text{m}}}{R_{\text{a}}}E_{\text{a}}(s)s \end{cases} \tag{6-9}$$

整理成输出比输入的传递函数的形式：

$$\begin{cases} \dfrac{I_{\text{a}}(s)}{U_{\text{d}}(s) - E_{\text{a}}(s)} = \dfrac{\dfrac{1}{R_{\text{a}}}}{1 + T_{\text{e}}s} \\[4mm] \dfrac{E_{\text{a}}(s)}{I_{\text{a}}(s) - I_{\text{L}}(s)} = \dfrac{R_{\text{a}}}{T_{\text{m}}s} \end{cases} \tag{6-10}$$

对两个等式组合，并考虑到 $n = \dfrac{E_{\text{a}}}{C_{\text{e}}}$，即可得到直流电动机的方框图，如图 6-6 所示。

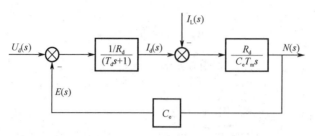

图 6-6　直流电动机的方框图

综合分析转速调节器、触发与整流电路、并励直流电动机和转速反馈四个环节的输入、输出关系，从而得到单闭环调速系统的方框图，如图 6-7 所示。

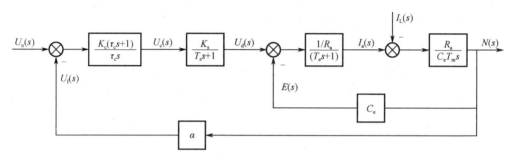

图 6-7　单闭环调速系统的方框图

将中间比较点向右移动，并与最右边比较点换位，可得图 6-8。

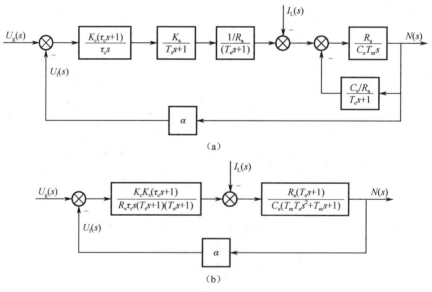

图 6-8　方框图等效变换

令 $G_1(s) = \dfrac{K_c K_s(\tau_c s + 1)}{R_a \tau_c s(T_s s + 1)(T_e s + 1)}$，　$G_2(s) = \dfrac{R_a(T_e s + 1)}{C_e(T_m T_e s^2 + T_m s + 1)}$，　$H(s) = \alpha$，可得图 6-9 所示方框图。

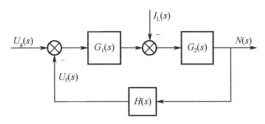

图 6-9　单闭环调速系统方框图

前向通道的传递函数 $G(s)$ 为

$$G(s) = G_1(s)G_2(s)$$
$$= \frac{K_c K_s(\tau_c s + 1)}{C_e \tau_c s(T_s s + 1)(T_m T_e s^2 + T_m s + 1)} \tag{6-11}$$

开环传递函数为

$$G_K(s) = G(s)H(s)$$
$$= \frac{K_c K_s \alpha(\tau_c s + 1)}{C_e \tau_c s(T_s s + 1)(T_m T_e s^2 + T_m s + 1)} \tag{6-12}$$

闭环传递函数为

$$\Phi_r(s) = \frac{N(s)}{U_n(s)} = \frac{G(s)}{1 + G(s)H(s)}$$
$$= \frac{K_c K_s(\tau_c s + 1)}{C_e \tau_c s(T_s s + 1)(T_m T_e s^2 + T_m s + 1) + K_c K_s \alpha(\tau_c s + 1)} \tag{6-13}$$

$$\Phi_d(s) = \frac{N(s)}{-I_L(s)} = \frac{G_2(s)}{1 + G(s)H(s)}$$
$$= \frac{R_a \tau_c s(T_s s + 1)}{C_e \tau_c s(T_s s + 1)(T_m T_e s^2 + T_m s + 1) + K_c K_s \alpha(\tau_c s + 1)} \tag{6-14}$$

误差传递函数为

$$\Phi_{er}(s) = \frac{E(s)}{U_n(s)} = \frac{1}{1 + G(s)H(s)}$$
$$= \frac{C_e \tau_c s(T_s s + 1)(T_m T_e s^2 + T_m s + 1)}{C_e \tau_c s(T_s s + 1)(T_m T_e s^2 + T_m s + 1) + K_c K_s \alpha(\tau_c s + 1)} \tag{6-15}$$

$$\Phi_{ed}(s) = \frac{E(s)}{-I_L(s)} = \frac{-G_2(s)H(s)}{1 + G(s)H(s)}$$
$$= \frac{-R_a \alpha \tau_c s(T_s s + 1)(T_e s + 1)}{C_e \tau_c s(T_s s + 1)(T_m T_e s^2 + T_m s + 1) + K_c K_s \alpha(\tau_c s + 1)} \tag{6-16}$$

2. 系统动态性能分析

动态性能分析包括以下内容：采用二阶系统的分析方法，分析系统的动态性能指标；用劳斯－赫尔维茨判据判定系统的稳定性；确定转速调节器参数；转速调节器参数的确定及稳定性分析。

将已知参数代入，得前向通道的传递函数：

$$G(s) = \frac{416.7K_c(\tau_c s + 1)/\tau_c}{s(0.00167s+1)(0.06s^2+0.2s+1)}$$

$$= \frac{416.7K_c(\tau_c s + 1)/\tau_c}{s(0.00167s+1)(0.036s+1)(0.162s+1)} \tag{6-17}$$

取转速调节器的时间常数：$\tau_c = 0.0162s$。

分子上的一阶微分环节，抵消一个大惯性环节，得

$$G(s) = \frac{2572.22K_c}{s(0.00167s+1)(0.036s+1)} \tag{6-18}$$

$$H(s) = \alpha = 0.01 \tag{6-19}$$

则系统的闭环传递函数

$$\Phi(s) = \frac{G(s)}{1+G(s)H(s)} = \frac{2572.22K_c}{s(0.00167s+1)(0.036s+1)+25.72K_c} = \frac{2572.22K_c}{0.00006s^3+0.03767s^2+s+25.72K_c} \tag{6-20}$$

对应的特征方程为

$$0.00006s^3 + 0.03767s^2 + s + 25.72K_c = 0 \tag{6-21}$$

由劳斯－赫尔维茨判据可知，要使系统稳定，应有 $K_c < 24.41$，其具体值将在下面的动态性能指标分析中确定。

由于闭环传递函数的分母中三次项的系数远小于二次项的系数，可将三次项忽略。系统的闭环传递函数可近似为

$$\Phi(s) \approx \frac{2572.22K_c}{0.03767s^2+s+25.72K_c} = \frac{68282.98K_c}{s^2+26.55s+682.77K_c} \tag{6-22}$$

二阶系统的标准形式为

$$\Phi(s) = \frac{K\omega_n^2}{s^2+2\zeta\omega_n s+\omega_n^2} \tag{6-23}$$

对比可得：$\begin{cases} 2\zeta\omega_n = 26.55 \\ \omega_n^2 = 682.77K_c \end{cases}$

系统按最佳二阶系统设计，可取 $\zeta = 0.707$，解得 $\omega_n = 18.8s^{-1}$。

$$K_c = \frac{\omega_n^2}{682.77} = \frac{18.8^2}{682.77} \approx 0.52$$

此时系统的动态性能指标：

超调量　$\sigma\% = 4.3\%$

过渡时间　$t_s = \dfrac{3}{\zeta\omega_n} = \dfrac{3\times2}{26.55} \approx 0.23$（s）

即转速调节器的传递函数为

$$G_c(s) = \frac{0.52(0.162s+1)}{0.162s} \tag{6-24}$$

此时对应闭环系统是稳定的，且具有最佳二阶系统的动态性能。

3. 稳态误差分析

直流调速系统的给定电压 $u_g(t)$ 和扰动量 $i_L(t)$ 可视为阶跃信号，进行拉氏变换后：

$$U_n(s) = \frac{U_g}{s}$$
$$I_L(s) = \frac{I_L}{s} \tag{6-25}$$

给定信号作用时的稳态误差为

$$
\begin{aligned}
e_{ssr} &= \lim_{s \to 0} s \cdot \Phi_{er}(s) \cdot U_g(s) \\
&= \lim_{s \to 0} s \cdot \frac{C_e \tau_c s (T_s s + 1)(T_m T_d s^2 + T_m s + 1)}{C_e \tau_c s (T_s s + 1)(T_m T_d s^2 + T_m s + 1) + K_c K_s \alpha (\tau_c s + 1)} \cdot \frac{U_g}{s} \\
&= 0
\end{aligned} \tag{6-26}
$$

干扰信号作用时的稳态误差为

$$
\begin{aligned}
e_{ssd} &= \lim_{s \to 0} s \cdot \Phi_{ed}(s) \cdot I_L(s) \\
&= \lim_{s \to 0} s \cdot \frac{-R_a \alpha \tau_c s (T_s s + 1)(T_d s + 1)}{C_e \tau_c s (T_s s + 1)(T_m T_d s^2 + T_m s + 1) + K_c K_s \alpha (\tau_c s + 1)} \cdot \frac{I_L}{s} \\
&= 0
\end{aligned} \tag{6-27}
$$

系统总的误差为 $e_{ss} = e_{ssr} + e_{ssd} = 0$

由上述分析可知，单闭环负反馈调速系统，当转速调节器采用 PI 调节器时，能实现无静差调速。合理选择调节器的参数，可使系统获得较好的动态和稳态性能。

4. 稳定裕量分析

系统的开环传递函数为

$$G(s)H(s) = \frac{2572.22 \times 0.52 \times 0.01}{s(0.00167s + 1)(0.036s + 1)} \approx \frac{13.4}{s(0.00167s + 1)(0.036s + 1)} \tag{6-28}$$

在 MATLAB 软件中输入以下程序：

```
>>num=13.4
  den=conv(conv([1,0],[0.00167,1]),[0.036,1])
  G=tf(num,den)
  [Gm,Pm,Wg,Wp]=margin(G)
```

运行结果：

```
Gm=46.7597          ;增益裕量
Pm=65.0178          ;相位裕量
Wg=128.9705         ;相角交界频率
Wp=12.2570          ;幅值穿越频率
```

分析可知：相位裕量、增益裕量均满足工程设计要求。

■ 本章小结

1. 直流电动机转速 n 的控制方法有以下三种：

（1）改变电枢回路电阻。该方法的优点是系统结构简单；缺点是效率低。因此该方法适合小功率直流电动机开环控制。

（2）改变电动机的主磁通。该方法的优点是能够实现平滑调速；缺点是调速范围小，而且通常配合调压调速在基速以上做小范围的升速。该方法现已很少单独使用，通常以非独立控制励磁的方式出现。

（3）调节电枢供电电压。改变电枢电压主要是指使其从额定电压降下来，电动机的速度从额定速度降下来，属于恒转矩调速方法。

2. 系统性能分析的一般方法：

（1）建立系统的数学模型，即方框图，求出系统的传递函数；

（2）应用时域分析法分析系统的动态和稳态性能，确定调节器参数；

（3）应用频域分析法分析系统的稳定裕量。

■ 习题

6-1 简述直流电动机转速 n 的控制方法。

6-2 简述单闭环直流调速系统的工作原理。

6-3 简述双闭环直流调速系统的工作原理。

6-4 常用的可控直流电源主要有哪些？

6-5 转速控制的要求是什么？

6-6 简述图 6-10 所示的闭环直流调速系统原理图中各元件的名称及作用。

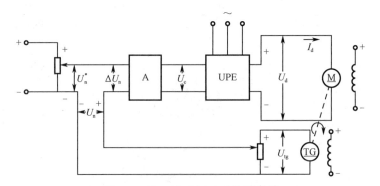

图 6-10　闭环直流调速系统原理图

6-7 直流调速系统有哪些主要性能指标？

6-8 转速、电流双闭环调速系统的启动过程有哪些特点？

6-9 简述有静差系统和无静差系统的区别。

第7章
伺服系统

本章从伺服系统的机理出发,介绍了伺服系统的结构分类、控制模式及执行元件,在此基础上以位置伺服系统为例介绍伺服控制系统各部件的组成、性能指标、系统参数确定与调试、实例和仿真分析。

■ 7.1 伺服系统概述

伺服系统是一种能够跟踪输入的指令信号进行动作,从而获得精确的位置、速度及动力输出的自动控制系统。如防空雷达控制就是一个典型的伺服控制过程,它以空中的目标为输入指令要求,雷达天线要一直跟踪目标,为地面炮台提供目标方位;加工中心的机械制造过程也是伺服控制过程,位移传感器不断地将刀具进给的位移传送给计算机,通过与加工位置目标比较,计算机输出继续加工或停止加工的控制信号。绝大部分机电一体化系统都具有伺服功能,机电一体化系统中的伺服控制环节是为执行机构按设计要求实现运动而设置的重要环节。

7.1.1 伺服系统的结构组成

伺服系统一般由伺服驱动器、伺服电动机、编码器三部分组成。图 7-1 所示为工业机器人伺服系统的组成。

7.1 伺服系统概述

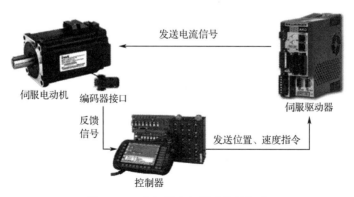

发送电流信号

伺服电动机　编码器接口

反馈信号

伺服驱动器

发送位置、速度指令

控制器

图 7-1　工业机器人伺服系统的组成

伺服驱动器负责将从控制器接收到的信息分解为单个自由度系统能够执行的命令,再传递给执行机构(伺服电动机)。伺服驱动器一般通过位置、速度和转矩三种方式对伺服电动机进行控制，属于实现高精度的传动系统定位的高端产品。伺服电动机将收到的电流信号转化为转矩和转速以驱动控制对象，实现每一个关节的角度、角速度和关节转矩的控制。编码器作为伺服系统的反馈装置，很大程度上决定着伺服系统的精度。编码器安装在伺服电动机上，与电动机同步旋转，电动机转一圈，编码器也转一圈，转动的同时将编码信号送回控制器，控制器据以判断伺服电动机的转向、转速、位置信息。

7.1.2 伺服系统的分类

伺服系统的分类方法有很多，常见的分类方法有如下几种：

1. 按被控量分类

按被控量不同，伺服系统可分为位移、速度、力矩等伺服系统。

2. 按驱动元件分类

按驱动元件的不同，伺服系统可分为电气伺服系统、液压伺服系统、气动伺服系统。电气伺服系统根据电动机类型的不同又可分为直流伺服系统、交流伺服系统和步进电动机控制伺服系统。

3. 按控制原理分类

按控制原理不同，伺服系统可分为开环控制伺服系统、闭环控制伺服系统和半闭环控制伺服系统。

开环伺服系统即无位置反馈的系统，其驱动元件主要是功率步进电动机或液压脉冲马达。这两种驱动元件的工作原理的实质是数字脉冲到角位移的变换，它不用位置检测元件实现定位，而是靠驱动装置本身，即驱动装置转过的角度正比于指令脉冲的个数；运动速度由进给脉冲的频率决定。开环伺服系统的结构简单，易于控制，但精度差，低速时不平稳，高速时转矩小。一般用于轻载、负载变化不大或经济型数控机床上。开环伺服系统的结构原理图如图 7-2 所示。

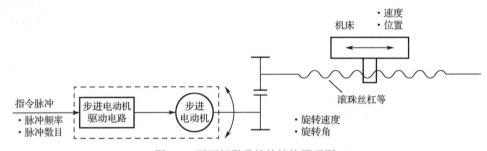

图 7-2　开环伺服系统的结构原理图

闭环伺服系统中反馈元件是加在工作台上的，可以最大限度地弥补机械上造成的误差。闭环伺服系统将位置检测元件直接安装在工作台上，从而可获得工作台实际位置的精确信息，定位精度可以达到亚微米级，从理论上讲，其精度主要取决于检测反馈元件的误差，而与放大器、传动装置没有直接的联系，是实现高精度位置控制的一种理想的控制方案；但实现起来难度很大，机械传动链的惯量、间隙、摩擦、刚性等非线性因素都会给伺服系统造成影响，从而使系统的控制和调试变得异常复杂，制造成本也会急速攀升。因此，全闭环伺服系统主要用于高精密和大型的机电一体化设备。闭环伺服系统的结构原理图如图 7-3 所示。

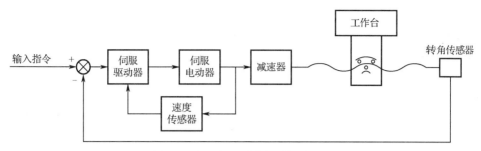

图 7-3　闭环伺服系统的结构原理图

半闭环伺服系统中反馈元件是加在电动机轴上的，常用的是编码器，只保证电动机的精度，不能弥补机械上造成的误差。半闭环伺服系统的位置检测点是从驱动电动机（常用交／直流伺服电动机）或丝杠端引出，通过检测电动机和丝杠的旋转角度来间接检测工作台的位移量，而不是直接检测工作台的实际位置。由于在半闭环环路内不包括或只包括少量机械传动环节，因此可获得稳定的控制性能，其系统的稳定性虽不如开环系统，但比闭环系统要好，因此适用于各种数控机床。半闭环伺服系统结构原理图如图 7-4 所示。

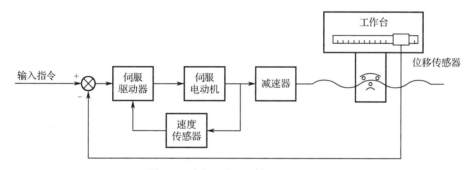

图 7-4　半闭环伺服系统结构原理图

7.1.3　伺服系统的三种工作模式

伺服系统有三种工作模式：转矩控制模式、位置控制模式和速度控制模式。

1. 转矩控制模式

转矩控制模式是通过外部模拟量的输入或直接的地址赋值来设定电动机轴对外输出转矩的大小的，具体表现为若 10V 对应 5N・m 的话，当外部模拟量设定为 5V 时电动机轴输出为 2.5N・m。电动机轴负载低于 2.5N・m 时电动机正转，外部负载等于 2.5N・m 时电动机不转，大于 2.5N・m 时电动机反转（通常在有重力负载情况下产生）。可以通过改变模拟量的设定来改变设定的力矩大小，也可通过通信方式改变对应的地址的数值来实现。转矩控制模式主要应用在对材质的受力有严格要求的缠绕和放卷的装置中，例如绕线装置或拉光纤设备。转矩的设定要根据缠绕的半径的变化随时更改以确保材质的受力不会随着缠绕半径的变化而改变。

2. 位置控制模式

位置控制模式一般通过外部输入的脉冲的频率来确定转动速度的大小，通过脉冲的个数来确定转动的角度，也有些伺服系统可以通过通信方式直接对速度和位移进行赋值。由于位置控制模式可以对速度和位置都进行很严格的控制，所以一般应用于定位装置。

3. 速度控制模式

通过模拟量的输入或脉冲的频率都可以进行转动速度的控制，在有上位控制装置的外环 PID 控制时速度控制模式也可以进行定位，但必须把电动机的位置信号或直接负载的位置信号给上位反馈以用于运算。位置控制模式也支持直接负载外环检测位置信号，此时的电动机轴端的编码器只检测电动机转速，位置信号就由直接的最终负载端的检测装置来提供，这样的优点在于可以减少中间传动过程中的误差，提高整个系统的定位精度。

7.1.4　伺服系统的三环结构

伺服系统的三环结构如图 7-5 所示。

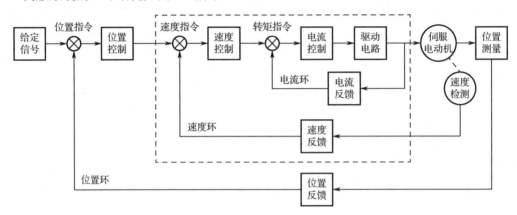

图 7-5　伺服系统的三环结构

1）电流环

电流环也称为内环，电流环的输入是速度环 PID 调节后的输出，称为"电流环给定"。电流环给定和电流环反馈值进行比较后的差值在电流环内做 PID 输出给电动机，电流环的输出是电动机每相的相电流。电流环的反馈不是编码器的反馈，而是在驱动器内部安装在每相的霍尔元件的反馈，即磁场感应变为电流电压信号反馈给电流环。

2）速度环

速度环也称为中环。速度环的输入就是位置 PID 调节后的输出以及位置设定的前馈值，称为"速度设定"，这个速度设定和速度环反馈值进行比较后的差值在速度环做 PID 调节（主要是比例增益和积分处理）后的输出就是"电流环给定"。速度环的反馈由编码器反馈后的值经过速度运算器得到。

3）位置环

位置环也称为外环。位置环的输入就是外部的脉冲，通常情况下直接写数据到驱动器，外部的脉冲经过平滑滤波处理和电子齿轮计算后作为"位置环的设定"，设定和来自编码器反馈脉冲信号经过偏差计算器计算后的数值，经过位置环的 PID 调节（比例增益调节，无积分微分环节）后的输出和位置给定的前馈信号一起构成了速度环的给定。位置环的反馈也来源于编码器。

■ 7.2 伺服系统的主要元件

7.2.1 步进电动机

7.2.1 步进电动机

步进电动机是一种将电脉冲信号转换成相应角位移或线位移的电动机。每输入一个脉冲信号，转子就转动一个角度或前进一步，其输出的角位移或线位移与输入的脉冲数成正比，转速与脉冲频率成正比。因此，步进电动机又称脉冲电动机。

由于步进电动机成本较低，易于通过计算机控制，因而被广泛应用于开环控制的伺服系统中。步进电动机比直流电动机或交流电动机组成的开环控制系统精度高。目前，一般数控机械和普通机床的微机改造中大多数采用开环步进电动机控制系统。

1. 步进电动机的结构与工作原理

步进电动机按其工作原理分，主要有磁电式和反应式两大类，这里只介绍常用的反应式步进电动机的工作原理。三相反应式步进电动机的工作原理如图 7-6 所示，其中步进电动机的定子上有 6 个齿，其上分别缠有 W_U、W_V、W_W 三相绕组，构成三对磁极，转子上则均匀分布着 4 个齿。步进电动机采用直流电源供电。当 W_U、W_V、W_W 三相绕组轮流通电时，通过电磁力吸引步进电动机转子一步步地旋转。

首先假设 U 相绕组通电，则转子上、下两齿被磁极吸住，转子就停留在 U 相通电的位置上。然后 U 相断电，V 相通电，则磁极 U 的磁场消失，磁极 V 产生磁场，磁极 V 的磁场把离它最近的另外两齿吸引过去，停止在 V 相通电的位置上，这时转子逆时针转过30°。随后 V 相断电，W 相通电，根据同样的道理，转子又逆时针转过 30°，停止在 W 相通电的位置上。若再 U 相通电，W 相断电，则转子再逆时针转过 30°。定子各相轮流通电一次，转子转一个齿。

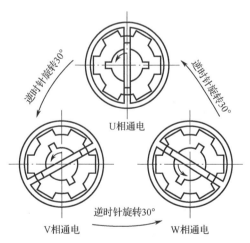

图 7-6　三相反应式步进电动机的工作原理

步进电动机绕组按 U→V→W→U→V→W→U⋯依次轮流通电，步进电动机转子就一步步地按逆时针方向旋转。反之，如果步进电动机按逆序依次使绕组通电，即 U→W→V→U→W→V→U⋯，则步进电动机将按顺时针方向旋转。

步进电动机绕组每次通断电使转子转过的角度称为步距角。上述分析中的步进电动机

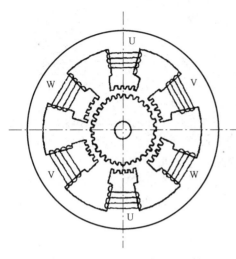

图 7-7　三相反应式步进电动机

步距角为30°。

对于一个真实的步进电动机，为了减小每通电一次的转角，在转子和定子上开有很多小齿。其中定子的三相绕组铁芯间有一定角度的齿差，当 U 相定子小齿与转子小齿对正时，V 相和 W 相定子上的齿则处于错开状态，如图 7-7 所示。其工作原理同上，只是步距角是小齿间夹角的 1/3。

2. 步进电动机的通电方式

如果步进电动机绕组的每一次通断电操作称为一拍，每拍中只有一相绕组通电，其余绕组断电，这种通电方式称为单相通电方式。三相步进电动机的单相通电方式称为三相单三拍通电方式，如 U → V → W → U…。

如果步进电动机通电循环的每拍中都有两相绕组通电，这种通电方式称为双相通电方式。三相步进电动机采用双相通电方式时（如 UV → VW → WU → UV → …），称为三相双三拍通电方式。

如果步进电动机通电循环的各拍中交替出现单、双相通电状态，这种通电方式称为单双相轮流通电方式。三相步进电动机采用单双相轮流通电方式时，每个通电循环中共有六拍，因而又称为三相六拍通电方式，即 U → UV → V → VW → W → WU → U → …。

一般情况下，m 相步进电动机可采用单相通电、双相通电或单双相轮流通电方式工作，对应的通电方式可分别称为 m 相单 m 拍、m 相双 m 拍或 m 相 $2m$ 拍通电方式。

由于采用单相通电方式工作时，步进电动机的矩频特性（输出转矩与输入脉冲频率的关系）较差，在通电换相过程中，转子状态不稳定，容易失步，因而实际应用中较少采用单相通电方式。图 7-8 所示为某三相反应式步进电动机在不同通电方式下工作的矩频特性曲线。显然，采用单双相轮流通电方式可使步进电动机在各种工作频率下都具有较大的负载能力。

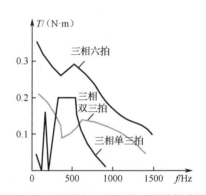

图 7-8　不同通电方式下的矩频特性曲线

通电方式不仅影响步进电动机的矩频特性，对步距角也有影响。一个 m 相步进电动机，若其转子上有 z 个小齿，则其步距角可通过下式计算：

$$\alpha = \frac{360°}{kmz} \tag{7-1}$$

式中，k 是通电方式系数，当采用单相或双相通电方式时，$k=1$；当采用单双相轮流通电方式时，$k=2$。可见采用单双相轮流通电方式还可使步距角减小一半。步进电动机的步距角决定了系统的最小位移，步距角越小，位移的控制精度越高。

3. 步进电动机的使用特性

（1）步距误差：步距误差直接影响执行元件的定位精度。步进电动机单相通电时，步距误差取决于定子和转子的分齿精度和各相定子的错位角度的精度。多相通电时，步距角不仅与加工装配精度有关，还和各相电流的大小、磁路性能等因素有关。国产步进电动机的步距误差一般为±(10′～15′)，功率步进电动机的步距误差一般为±(20′～25′)。精度较高的步进电动机的步距误差为±(2′～5′)。

（2）最大静转矩：指步进电动机在某相始终通电而处于静止状态时，所能承受的最大外加转矩，即所能输出的最大电磁转矩，它反映了步进电动机的制动能力和低速步进运行时的负载能力。

（3）启动矩频特性：空载时步进电动机由静止突然启动，并不失步地进入稳速运行状态所允许的最高频率称为最高启动频率。启动频率与负载转矩有关。图 7-9 给出了 90BF002 型步进电动机的启动矩频特性曲线，由图可见，负载转矩越大，所允许的最高启动频率越小。选用步进电动机时应使实际使用的启动频率与负载转矩所对应的启动工作点位于该曲线之下，这样才能保证步进

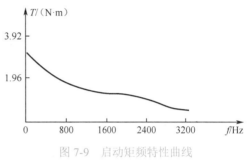

图 7-9　启动矩频特性曲线

电动机不失步地正常启动。当伺服控制系统要求步进电动机的运行频率高于最高允许启动频率时，可先按较低的频率启动，再按一定规律逐渐提高到运行频率。

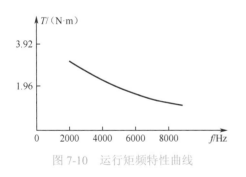

图 7-10　运行矩频特性曲线

（4）运行矩频特性：步进电动机连续运行时所允许的最高频率称为最高工作频率，它与步距角一起决定执行元件的最大运行速度。最高工作频率决定于负载惯量 J，还与定子相数、通电方式、控制电路的功率驱动器等有关。图 7-10 所示为 90BF002 型步进电动机的运行矩频特性曲线，由图可见，步进电动机的输出转矩随运行频率的增大而减小，即高速时其负载能力变差，这一特性是步进电动机应用范围受到限制的主要原因之一。选用步进电动机时，应使实际使用的运行频率与输出转矩所对应的运行工作点位于该曲线之下，这样才能保证步进电动机不失步地正常运行。

（5）最大相电压和最大相电流：分别指步进电动机每相绕组所允许施加的最大电源电压和流过的最大电流。实际使用的相电压或相电流如果大于允许值，可能会导致步进电动机绕组被击穿或因过热而烧毁；如果比允许值小得太多，步进电动机的性能又不能充分发挥出来。因而设计或选择步进电动机的驱动电源时，应充分考虑这两个电气参数。

4. 步进电动机的控制与驱动

步进电动机的电枢通断电次数和各相通电顺序决定了输出角位移和运动方向，控制脉冲分配频率可实现对步进电动机速度的控制。因此，步进电动机控制系统一般采用开环控制方式。图 7-11 所示为开环步进电动机控制系统框图，控制系统主要由环形分配器、功率驱动器、步进电动机等组成。

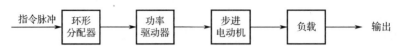

图 7-11　开环步进电动机控制系统框图

1）环形分配

步进电动机在一个脉冲的作用下，转过一个步距角，只要控制一定的脉冲数，即可精确控制步进电动机转过的角度。但步进电动机的各绕组必须按一定的顺序通电才能正常工作，这种通过控制输入脉冲使电动机绕组的通断电顺序循环变化的过程称为环形分配。

实现环形分配的方法有两种。一种是计算机软件分配，即采用查表或计算的方法使计算机的三个输出引脚依次输出满足速度和方向要求的环形分配脉冲信号。这种方法能充分利用计算机软件资源，可减少硬件成本，尤其是多相电动机的脉冲分配更显示出它的优点。但由于软件运行会占用计算机的运行时间，因而会使插补运算的总时间增大，从而影响步进电动机的运行速度。

另一种是硬件环形分配，采用数字电路搭建或使用专用的环形分配器使连续的脉冲信号经电路处理后输出环形脉冲。采用数字电路搭建的环形分配器通常由分立元件（如触发器、逻辑门等）构成，特点是体积大、成本高、可靠性差。专用的环形分配器目前市面上有很多种，如 CMOS 电路 CH250 即为三相步进电动机的专用环形分配器，它的引脚图如图 7-12 所示。这种方法的优点是使用方便，接口简单。

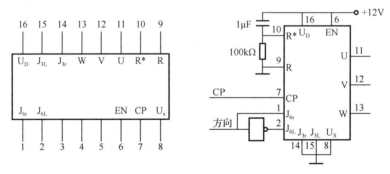

图 7-12　环形分配器 CH250 引脚图

2）功率驱动

要使步进电动机输出足够的转矩以驱动负载工作，必须为步进电动机提供足够功率的控制信号，实现这一功能的电路称为步进电动机驱动电路。驱动电路实际上是一个功率开关电路，其功能是将环形分配器的输出信号进行功率放大，得到步进电动机控制绕组所需要的脉冲电流及所需要的脉冲波形。步进电动机的工作特性在很大程度上取决于功率驱动器的性能，对每一相绕组来说，理想的功率驱动器应使通过绕组的电流脉冲尽量接近矩形波。但由于步进电动机绕组有很大的电感，要做到这一点是有困难的。

5. 步进电动机的驱动电路

常见的步进电动机驱动电路有以下三种：

1）单电源驱动电路

这种电路采用单一电源供电，结构简单，成本低，但电流波形差，效率低，输出力矩小，主要用于对速度要求不高的小型步进电动机的驱动。图 7-13 所示为步进电动机的一相绕组的单电源驱动电路（每相绕组的电路相同）。

当环形分配器的脉冲输入信号 u_U 为低电平（逻辑 0，约 1V）时，虽然 VT_1、VT_2 都导通，但只要适当选择 R_1、R_3、R_5 的阻值，使 $U_{b3}<0$（约为 -1V），那么 VT_3 就处于截止状态，该相绕组断电。当输入信号 u_U 为高电平（逻辑 1，3.6V）时，$U_{b3}>0$（约为 0.7V），VT_3 饱和导通，该相绕组通电。

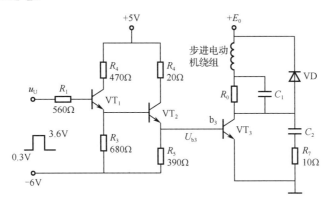

图 7-13　单电源驱动电路

2）双电源驱动电路

双电源驱动电路又称高低压驱动电路，采用高压和低压两个电源供电。在步进电动机绕组刚接通时，通过高压电源供电，以加快电流上升速度，一段时间后，切换到低压电源供电。这种电路使电流波形、输出转矩及运行频率等都有较大改善。高低压驱动电路如图 7-14 所示。

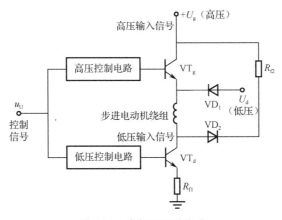

图 7-14　高低压驱动电路

当环形分配器的脉冲输入信号 u_U 为高电平时（要求该相绕组通电），VT_g、VT_d 的基极都有电压信号输入，使 VT_g、VT_d 均导通。于是在高压电源作用下（这时二极管 VD_1 两端承受的是反向电压，处于截止状态，可使低压电源不对绕组作用）绕组电流迅速上升，电流前沿很陡。当电流达到或稍微超过额定电流时，利用定时电路或电流检测器等切断 VT_g 基极上的电压信号，于是 VT_g 截止，但此时 VT_d 仍然是导通的，绕组电流即转而由低压电源经过二极管 VD_1 供给。当环形分配器输出端的电压 u_U 为低电平时（要求绕组断电），VT_d 基极上的电压信号消失，于是 VT_d 截止，绕组中的电流经二极管 VD_2 及电阻 R_{f2} 向高

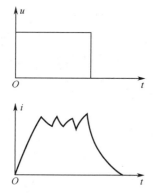

图 7-15　斩波限流驱动电路波形图

压电源放电，电流便迅速下降。采用这种高低压切换型电源，电动机绕组上不需要串联电阻或者只需要串联一个很小的电阻 R_{fl}（为平衡各相的电流），所以电源的功耗比较小。由于这种供电方式使电流波形得到很大改善，因此步进电动机的矩频特性好，启动和运行频率得到很大的提高。

3）斩波限流驱动电路

斩波限流驱动电路采用单一高压电源供电，以加快电流上升速度，并通过对绕组电流的检测，控制功放管的开和关，使电流在控制脉冲持续期间始终保持在规定值上下，其波形如图 7-15 所示。这种电路出力大，功耗小，效率高，目前应用最广。

图 7-16 所示为一种斩波限流驱动电路，其工作原理如下。

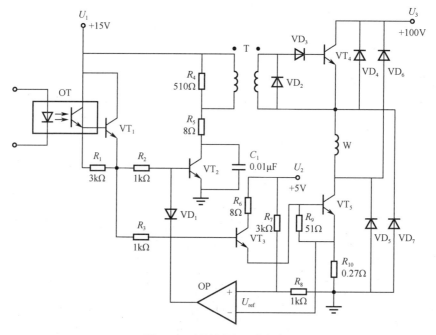

图 7-16　斩波限流驱动电路

当环形分配器的脉冲输入高电平（要求该相绕组通电）加载到光电耦合器 OT 的输入端时，晶体管 VT_1 导通，并使 VT_2 和 VT_3 也导通。在 VT_2 导通瞬间，脉冲变压器 T 在其二次线圈中感应出一个正脉冲，使大功率晶体管 VT_4 导通。同时由于 VT_3 的导通，大功率晶体管 VT_5 也导通。于是绕组 W 中有电流流过，步进电动机旋转。由于 W 是感性负载，其中电流在导通后逐渐增大，当其增大到一定值时，在检测电阻 R_{10} 上产生的压降将超过由分压电阻 R_7 和电阻 R_8 所设定的电压值 U_{ref}，使比较器 OP 翻转，输出低电平使 VT_2 截止。在 VT_2 截止瞬时，又通过 T 将一个负脉冲交连到其二次线圈，使 VT_4 截止。于是电源通路被切断，绕组 W 中储存的能量通过 VT_5、R_{10} 及二极管 VD_7 释放，电流逐渐减小。当电流减小到一定值后，在 R_{10} 上的压降又低于 U_{ref}，使 OP 输出高电平，VT_2、VT_4 及绕组 W

重新导通。在控制脉冲持续期间，上述过程不断重复。当输入低电平时，$VT_1 \sim VT_5$ 相继截止，W 中的能量则通过 VD_6、电源、地和 VD_7 释放。该电路限流值可达 6A，改变电阻 R_{10} 或 R_8 的阻值，可改变限流值的大小。

7.2.2 伺服电动机

伺服电动机是指在伺服控制系统中控制机械元件运转的装置，是一种间接变速装置。伺服电动机可以控制速度，可以将电压信号转化为转矩和转速以驱动控制对象。伺服电动机转子的转速受输入信号控制，并能快速反应，在自动控制系统中，用作执行元件，且具有机电时间常数小、线性度高等特性，可把所收到的电信号转换成电动机轴上的角位移或角速度输出。伺服电动机分为直流伺服电动机和交流伺服电动机两大类。

7.2.2 伺服电动机

1. 直流伺服电动机

直流伺服电动机具有良好的调速特性、较大的启动转矩和相对功率，易于控制及响应快等优点。尽管其结构复杂，成本较高，在机电一体化控制系统中仍具有较广泛的应用。

1）直流伺服电动机的分类

直流伺服电动机按励磁方式可分为电磁式和永磁式两种。电磁式的磁场由励磁绕组产生；永磁式的磁场由永磁体产生。电磁式直流伺服电动机是一种普遍使用的伺服电动机。永磁式直流伺服电动机具有体积小、转矩大、力矩和电流成正比、伺服性能好、响应快、功率体积比大、功率质量比大、稳定性好等优点。由于功率的限制，这种电动机目前主要应用在办公自动化、家用电器、仪器仪表等领域。

直流伺服电动机按电枢的结构与形状又可分为平滑电枢型、空心电枢型和有槽电枢型等。平滑电枢型的电枢无槽，其绕组用环氧树脂粘在电枢铁芯上，因而转子形状细长，转动惯量小。空心电枢型的电枢无铁芯，且常做成杯形，其转子的转动惯量最小。有槽电枢型的电枢与普通直流电动机的电枢相同，因而转子的转动惯量较大。

直流伺服电动机还可按转子转动惯量的大小分为大惯量直流伺服电动机、中惯量直流伺服电动机和小惯量直流伺服电动机。大惯量直流伺服电动机（又称直流力矩伺服电动机）负载能力强，易于与机械系统匹配，而小惯量直流伺服电动机的加减速能力强、响应速度快、动态特性好。

2）直流伺服电动机的基本结构及工作原理

直流伺服电动机主要由磁极、电枢、电刷及换向片组成，如图 7-17 所示。其中磁极在工作时固定不动，故又称定子。磁极用于产生磁场。在永磁式直流伺服电动机中，磁极采用永磁材料制成，充磁后即可产生恒定磁场。在他励式直流伺服电动机中，磁极由冲压硅钢片叠成，外绕线圈，靠外加励磁电流才能产生磁场。电枢是直流伺服电动机中的转动部分，故又称转子，它由硅钢片叠成，表面嵌有线圈，通过电刷和换向片与外加电枢电源相连。

直流伺服电动机是在磁极（定子）磁场的作用下，

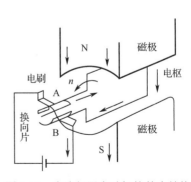

图 7-17　直流伺服电动机的基本结构

使通有直流电的电枢（转子）受到电磁转矩的驱使，带动负载旋转。通过控制电枢绕组中电流的方向和大小，就可以控制直流伺服电动机的旋转方向和速度。当电枢绕组中电流为零时，直流伺服电动机静止不动。

直流伺服电动机的控制方式主要有两种：一种是电枢电压控制，即在定子磁场不变的情况下，通过控制施加在电枢绕组两端的电压信号来控制电动机的转速和输出转矩；另一种是励磁磁场控制，即通过改变励磁电流的大小来改变定子磁场强度，从而控制电动机的转速和输出转矩。

采用电枢电压控制方式时，由于定子磁场保持不变，其电枢电流可以达到额定值，相应的输出转矩也可以达到额定值，因而这种方式又称为恒转矩调速方式。而采用励磁磁场控制方式时，由于电动机在额定运行条件下磁场已接近饱和，因而只能通过减弱磁场的方法来改变电动机的转速。由于电枢电流不允许超过额定值，因而随着磁场的减弱，电动机转速增大，但输出转矩减小，输出功率保持不变，所以这种方式又称为恒功率调速方式。

2. 交流伺服电动机

1）交流伺服电动机的结构

交流伺服电动机的定子绕组和单相异步电动机相似，如图 7-18 所示，它的定子上装

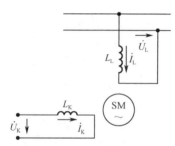

图 7-18　交流伺服电动机的原理图

有两个在空间相差 90° 电角度的绕组，即励磁绕组和控制绕组。运行时始终给励磁绕组加上一定的交流励磁电压，控制绕组上则加大小或相位随信号变化的控制电压。

交流伺服电动机转子的结构形式有笼型转子和空心杯型转子两种。笼型转子的结构与一般笼型异步电动机的转子相同，但转子细长，转子导体用高电阻率的材料制成。其目的是减小转子的转动惯量，提高启动转矩对输入信号的反应速度和克服自转现象；空心杯型转子交流伺服电动机的定子分为外定子和内定子两部分。外定子的结构与笼型交流伺服电动机的定子相同，铁芯槽内放有两相绕组。空心杯型转子由导电的非磁性材料（如铝）做成薄壁筒形，放在内、外定子之间。杯子底部固定于转轴上，杯臂薄而轻，厚度一般为 0.2 ～ 0.8mm，因而转动惯量小，动作快。

2）交流伺服电动机的工作原理

交流伺服电动机的工作原理和单相异步电动机相似，L_L 是由固定电压励磁的励磁绕组，L_K 是由伺服放大器供电的控制绕组，两相绕组在空间相差 90° 电角度。如果 I_L 与 I_K 的相位差为 90°，而两相绕组的磁动势幅值又相等，则这种状态称为对称状态。与单相异步电动机一样，这时在气隙中产生的合成磁场为一个旋转磁场，其转速称为同步转速。旋转磁场与转子导体相对切割，在转子中产生感应电流。转子电流与旋转磁场相互作用产生转矩，使转子旋转。如果改变加在控制绕组上的电流的大小或相位差，就破坏了对称状态，使旋转磁场减弱，电动机的转速下降。电动机的工作状态越不对称，总电磁转矩就越小，当除去控制绕组上的电压信号以后，电动机立即停止转动。这是交流伺服电动机在运行上与普通异步电动机的区别。

3）交流伺服电动机的转速控制方式

（1）幅值控制：控制电流与励磁电流的相位差保持 90° 不变，改变控制电压的大小。

（2）相位控制：控制电压与励磁电压的大小保持额定值不变，改变控制电压的相位。

（3）幅值 - 相位控制：同时改变控制电压的幅值和相位。交流伺服电动机转轴的转向随控制电压相位的反相而改变。

4）交流伺服电动机的工作特性和用途

交流伺服电动机的工作特性主要指机械特性和调节特性。交流伺服电动机的工作特性是指在控制电压一定时，负载增加，转速下降；它的调节特性是指在负载一定时，控制电压越高，转速也越高。交流伺服电动机有三个显著特点：

（1）启动转矩大。转子导体的电阻很大，可使临界转差率 $S_m > 1$，一旦给定子加上控制电压，转子立即启动运转。

（2）运行范围宽。在转差率从 0 到 1 的范围内都能稳定运转。

（3）无自转现象。控制信号消失后，电动机旋转不停的现象称为自转。自转现象破坏了伺服性，自然要避免。正常运转的交流伺服电动机只要失去控制电压，就处于单相运行状态。由于转子导体的电阻足够大，总电磁转矩始终是制动性的转矩，当电动机正转时失去控制电压 U_k，产生的转矩为负（$0 < S < 1$ 时）。而电动机反转时失去控制电压 U_k，产生的转矩为正（$1 < S < 2$ 时），不会产生自转现象，可以自行制动，迅速停止运转，这也是交流伺服电动机与异步电动机的重要区别。

不同类型的交流伺服电动机具有不同的特点。笼型转子交流伺服电动机具有励磁电流较小、体积较小、机械强度高等特点；但是低速运行时不够平稳，有抖动现象。空心杯型转子交流伺服电动机具有结构简单、维护方便、转动惯量小、运行平稳、噪声小、没有无线电干扰、无抖动现象等优点；但是励磁电流较大，体积也较大，转子易变形，性能上不及直流伺服电动机。

■ 7.3 位置随动系统的设计与仿真

7.3.1 位置随动系统的介绍

位置随动系统也称伺服系统，是输出量对于给定输入量的跟踪系统，它可实现执行机构对于位置指令的准确跟踪。位置随动系统的被控量（输出量）是负载机械空间位置的线位移和角位移，当位置给定量（输入量）做任意变化时，该系统的主要任务是使输出量快速而准确地复现给定量的变化，所以位置随动系统必定是一个反馈控制系统。

位置随动系统是应用非常广泛的一类工程控制系统。它属于自动控制系统中的反馈闭环控制系统。随着科学技术的发展，在实际中位置随动系统的应用非常广泛，例如，数控机床的定位控制和加工轨迹控制、船舵的自动操纵、火炮方位的自动跟踪、宇航设备的自动驾驶、机器人的动作控制等。随着机电一体化技术的发展，位置随动系统已成为现代工业、国防和高科技领域中不可缺少的系统，是电力拖动自动控制系统的一个重要分支。

应用较广泛的位置随动系统主要是位置、转速、电流三环控制系统。位置、转速、电流三环控制系统在电流环、转速环双闭环调速系统的基础上，外加一个位置环，便形成一个三环控制系统，如图 7-19 所示。三环的调节器分别称为位置调节器（APR）、转速调节器（ASR）、电流调节器（ACR）。其中位置环是系统外环，是最主要的环，转速环既是位置环的内环，又是电流环的外环，电流环是系统内环。在设计调节器时，转速调节器和电流调节器可按原双闭环系统的设计和整定方法来设计。其中位置调节器就是位置环校正装置，它的类型和参数决定了位置随动系统的系统误差和动态跟随性能，其输出限幅值决定了电动机的最高转速。位置、转速、电流三个闭环都画成单位反馈形式，反馈系数都已计入各调节器的比例系数中。

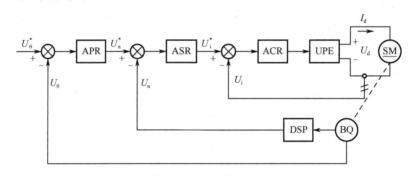

BQ—光电位置传感器；DSP—数字转速信号形成环节

图 7-19　位置、转速、电流三环控制系统的原理图

7.3.2　位置随动系统的组成

某位置随动系统的方框图如图 7-20 所示，该系统主要由位置环、PWM 变换器、电流调节器、转速调节器、位置调节器、伺服电动机等构成。

1. 位置环

这里只分析它的数学模型，不做具体介绍。位置环可以近似为一阶惯性环节，传递函数为

$$W_{\mathrm{j}}(s) = \frac{K_{\mathrm{j}}}{T_{\mathrm{j}}s + 1} \tag{7-2}$$

2. PWM 变换器（UPE）

该大功率随动系统中选用双极式控制的桥式可逆 PWM 变换器，采用的 PWM 变换器的开关频率 $f=2000\mathrm{Hz}$，即时滞时间常数 $T_{\mathrm{s}}=0.5\mathrm{ms}$，失控时间已经非常小，大大提高了系统的快速性，所以时滞时间常数这么小的滞后环节可以近似看成一个一阶惯性环节（其中 $T_{\mathrm{s}} = T_{\mathrm{l}}$），传递函数为

$$W_{\mathrm{l}}(s) = \frac{K_{\mathrm{l}}}{T_{\mathrm{l}}s + 1} \tag{7-3}$$

3. 电流调节器（ACR）

按工程设计法选择典型 I 型系统，选用 PI 调节器，传递函数为

$$W_{\mathrm{ACR}}(s) = K_{\mathrm{pi}} \frac{T_{\mathrm{i}}s + 1}{T_{\mathrm{i}}s} \tag{7-4}$$

4. 转速调节器（ASR）

按工程设计法选择典型 I 型系统，选用 PI 调节器，传递函数为

$$W_{\mathrm{ASR}}(s) = K_{\mathrm{pn}} \frac{T_{\mathrm{n}}s + 1}{T_{\mathrm{n}}s} \tag{7-5}$$

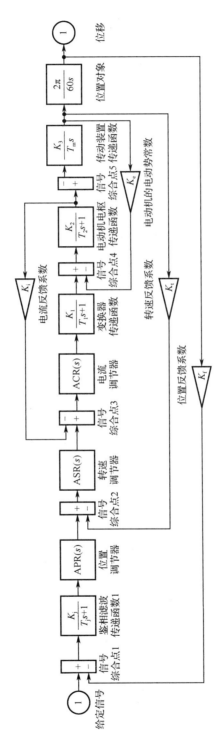

图 7-20 位置随动系统的方框图

5. 位置调节器（APR）

按工程设计法和对位置系统的校正，选择典型 II 型系统，选用 PID 调节器，传递函数为

$$W_{APR}(s) = K_{pw} \frac{T_{w1}s+1}{T_{w2}s+1} \tag{7-6}$$

6. 伺服电动机（SM）

该大功率随动系统选用永磁式直流伺服电动机，即直流他励电动机，型号为 Z2-42，铭牌参数如下：$P_n = 4kW$，$U_n = 220V$，$I_n = 22.7A$，$n_N = 1500r/min$。伺服电动机可视为一个二阶系统，分为两部分，一部分为电动机电枢，近似为一阶惯性环节，传递函数为

$$K_2(s) = \frac{K_2}{T_a s + 1} \tag{7-7}$$

另一部分为传动装置，近似为积分环节，传递函数为

$$K_3(s) = \frac{K_3}{T_m s} \tag{7-8}$$

7. 负载

负载就不做具体介绍，它是整个系统的被控位置对象，我们主要研究它的数学模型，近似为积分环节，传递函数为

$$W(s) = \frac{2\pi}{60s} \tag{7-9}$$

7.3.3 位置随动系统的设计

和双闭环控制系统一样，多环控制系统调节器的设计方法也是从内环到外环，逐个设计各环节的调节器。按此规律，对于图 7-20 所示的三环控制的位置随动系统，应首先设计电流调节器 ACR，然后将电流环简化成转速环中的一个环节，和其他环节一起构成转速调节器 ASR 的控制对象，再设计电流调节器 ACR。最后，把整个转速环简化为位置环中的一个环节，从而设计位置调节器 APR。逐环设计可以使每个控制环都是稳定的，从而保证整个控制系统的稳定性。当电流环和转速环内的对象参数变化或受到扰动时，电流反馈和转速反馈都能够起到抑制作用，使之对位置环的工作影响很小。同时每个环节都有自己的控制对象，分工明确，易于调整。但这样逐环设计的多环控制系统也有明显的不足，即对外环的控制作用的响应不会很快。这是因为设计每个环节时，都要将内环等效成其中的一个环节，而这种等效环节传递函数之所以能够成立，是以外环的截止频率远远低于内环为前提的。在一般模拟控制的随动系统中，电流环的截止频率 $\omega_{ci} = 100 \sim 150Hz$，转速环的截止频率 $\omega_{cn} = 20 \sim 30Hz$，照此推算，位置环的截止频率只有 10Hz 左右。位置环的截止频率太低，会影响系统的快速性，因此这类三环控制的位置随动系统只适用于对快速跟随性能要求不高的场合。

在位置、转速、电流三环控制系统中，位置调节器的输出是转速调节器的输入，转速调节器的输出是电流调节器的输入，电流调节器的输出直接控制功率变换单元，也就是脉宽调制系统。这三个环的反馈信号都是负反馈信号，三个环都是反相放大器。三个环相互制约，使控制更趋完善。

图 7-20 中 ACR 是电流调节器，ASR 是转速调节器，APR 是位置调节器。其中，K_j、T_j 是位置环节的放大系数与时间常数，$K_j = 1.11$，$T_j = 0.0132\mathrm{s}$，假设图中参数：$K_e = 0.133$，$T_a = 0.0035\mathrm{s}$，$K_i = 0.26$，$K_t = 0.01$，$K_f = 2.5$，$T_m = 0.116\mathrm{s}$，$T_l = 0.0005\mathrm{s}$，$K_1 = 33.3$，$K_2 = 0.5$，$K_3 = 15.05$，$\pi \approx 3.1416$。

给定的调整好参数的电流调节器 ACR、转速调节器 ASR、位置调节器 APR 的传递函数分别为

$$W_{\mathrm{ACR}}(s) = K_{\mathrm{pi}}\frac{T_i s + 1}{T_i s} = \frac{2s + 1}{2s}, \qquad K_{\mathrm{pi}} = 1, \quad T_i = 2 \tag{7-10}$$

$$W_{\mathrm{ASR}}(s) = K_{\mathrm{pn}}\frac{T_n s + 1}{T_n s} = 200 \times \frac{\dfrac{1}{30}s + 1}{\dfrac{1}{30}s}, \quad K_{\mathrm{pn}} = 200, \quad T_n = \frac{1}{30} \tag{7-11}$$

$$W_{\mathrm{APR}}(s) = K_{\mathrm{pw}}\frac{T_{w1} s + 1}{T_{w2} s + 1} = \frac{4.73s + 118}{s + 50} = 2.36 \times \frac{0.04s + 1}{0.02s + 1} \tag{7-12}$$

$$K_{\mathrm{pw}} = 2.36, \quad T_{w1} = 0.04, \quad T_{w2} = 0.02 \tag{7-13}$$

下面通过 MATLAB 仿真来逐步分析位置随动系统的控制效果。

7.3.4　位置随动系统的 MATLAB 仿真

1. 电流环系统的 MATLAB 仿真

给定参数的电流环的方框图如图 7-21 所示。

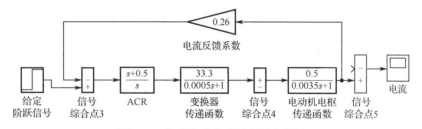

图 7-21　给定参数的电流环的方框图

用 MATLAB 仿真的结果如图 7-22 所示。

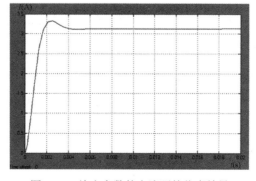

图 7-22　给定参数的电流环的仿真结果

如图 7-22 所示，电流环的阶跃响应曲线中，纵坐标表示电动机电枢的输出电流，单位为 A；横坐标表示时间，单位为 s。

由图 7-22 可知，系统的跟随性能指标如下：

超调量 $\sigma\%=13.1\%$，调节时间 $t_s=0.0031s$，峰值时间 $t_p=0.0024s$。

2. 直流双闭环系统的 MATLAB 仿真

给定参数的直流双闭环系统的方框图如图 7-23 所示。

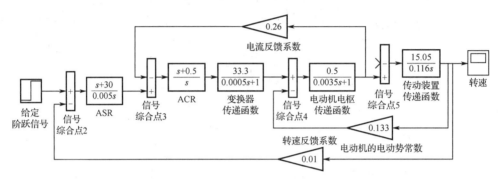

图 7-23　给定参数的直流双闭环系统的方框图

用 MATLAB 仿真的结果如图 7-24 所示。

如图 7-24 所示，在双闭环的阶跃响应曲线中，纵坐标表示电动机输出轴的转速，单位为（°）/s；横坐标表示时间，单位为 s。

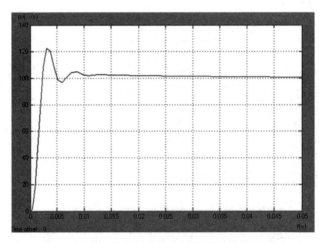

图 7-24　给定参数的直流双闭环系统的仿真结果

由图 7-24 可知，系统的跟随性能指标为

超调量 $\sigma\%=22.67\%$，调节时间 $t_s=0.0032s$，峰值时间 $t_p=0.0043s$。

3. 三环位置随动系统的 MATLAB 仿真

给定参数的位置随动系统的方框图如图 7-25 所示。

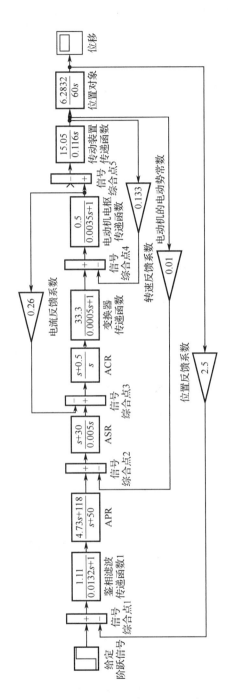

图 7-25 给定参数的位置随动系统的方框图

用 MATLAB 仿真的结果如图 7-26 所示。

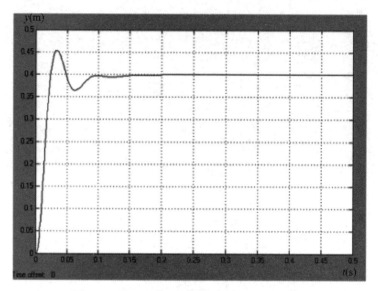

图 7-26　给定参数的位置随动系统的仿真结果

如图 7-26 所示，在位置随动系统的阶跃响应曲线中，纵坐标表示位移，单位为 m；横坐标表示时间，单位为 s。

由图 7-26 可知，系统的跟随性能指标如下：

超调量 $\sigma\%=13.95\%$，调节时间 $t_s=0.0335\text{s}$，峰值时间 $t_p=0.0423\text{s}$。

位置随动系统的仿真结果如图 7-27 所示，经计算的电流调节器和转速调节器组成的位置随动系统的方框图如图 7-28 所示。

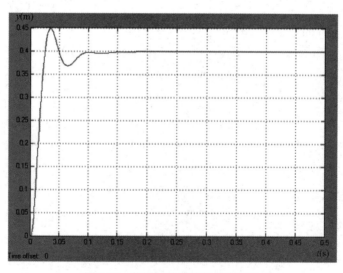

图 7-27　位置随动系统的仿真结果

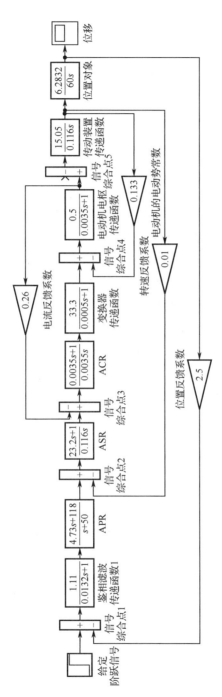

图 7-28 经计算的电流调节器和转速调节器组成的位置随动系统的方框图

■ 本章小结

伺服控制系统一般由伺服驱动器、伺服电动机、编码器三部分组成，其分类方法如下。

（1）按被控量分类。按被控量不同，伺服控制系统可分为位移、速度、力矩等各种伺服系统。

（2）按驱动元件分类。按驱动元件的不同，伺服控制系统可分为电气伺服系统、液压伺服系统、气动伺服系统。电气伺服系统根据电动机类型的不同又可分为直流伺服系统、交流伺服系统和步进电动机伺服系统。

（3）按控制原理分类。按控制原理，伺服控制系统又可分为开环控制伺服系统、闭环控制伺服系统和半闭环控制伺服系统。

伺服控制系统的技术要求有如下几个方面：

①系统精度；②稳定性；③响应特性；④工作频率。

步进电动机是一种将电脉冲信号转换成相应角位移或线位移的电动机。每输入一个脉冲信号，转子就转动一个角度或前进一步，其输出的角位移或线位移与输入的脉冲数成正比，转速与脉冲频率成正比。因此，步进电动机又称为脉冲电动机。

伺服电动机是指在伺服控制系统中控制机械元件运转的装置，是一种间接变速装置。伺服电动机可以控制速度，可以将电压信号转化为转矩和转速以驱动控制对象。伺服电动机分为直流伺服电动机和交流伺服电动机两大类。

编码器是将信号（如比特流）或数据编制、转换为可用以通信、传输和存储的信号形式的设备。

位置随动系统也称伺服系统，是输出量对于给定输入量的跟踪系统，它可实现执行机构对于位置指令的准确跟踪。该系统主要由位置环、PWM变换器、电流调节器、转速调节器、位置调节器、伺服电动机等构成。位置随动系统是一个反馈控制系统。

■ 习题

7-1 什么是伺服控制系统？为什么机电一体化系统的运动控制往往是伺服控制？

7-2 机电一体化系统的伺服控制系统的分类方法有很多，请简述常见的分类方法。

7-3 在步进式伺服系统中，加减速电路的作用是什么？

7-4 比较直流伺服电动机和交流伺服电动机的适用场合的差别。

7-5 简述影响直流伺服电动机特性的因素。

7-6 编码器的作用是什么？按照工作原理的不同，可分为哪几类？

仿真实验

■ 实验一　MATLAB 在控制系统模型分析中的应用

一、实验目的

（1）了解 MATLAB 软件的基本功能。

（2）学会用 MATLAB 表达传递函数及建立数学模型。

（3）学会用 MATLAB 分析控制系统方框图。

（4）体会 MATLAB 为控制工程相关计算带来的便利。

二、实验仪器

计算机一台（带 MATLAB 软件）。

三、实验原理

MATLAB 具有功能非常强大的控制系统工具箱，可以进行控制系统的建模及仿真。

本实验中仅学习使用在控制系统分析中经常使用的一小部分函数。

（1）函数 tf。

利用该函数可以建立控制系统的传递函数模型，调用格式如下：

$$G=tf(num,den)$$

其中 num 表示分子部分的系数（按降幂排列）；den 表示分母部分的系数（按降幂排列）。

（2）函数 zpk。

利用该函数可以建立传递函数的零极点模型，调用格式如下：

$$G=zpk(Z,P,K)$$

其中 Z 表示系统零点；P 表示系统极点；K 表示系统增益。

（3）有理传递函数模型与零极点模型的转换。

给定的传递函数模型转换成等效零极点模型，调用格式如下：

$$G1=zpk(G)$$

给定的零极点模型转换成等效传递函数模型，调用格式如下：

$$G1=tf(G)$$

在控制系统建模过程中，可以利用 MATLAB 对控制系统方框图进行简化。

（1）求串联环节的传递函数。

串联环节方框图如实验图 1-1 所示。

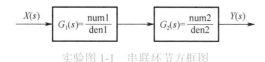

实验图 1-1　串联环节方框图

串联后的传递函数为

$$G(s) = \frac{Y(s)}{X(s)} = \frac{\text{num}}{\text{den}}$$

MATLAB 计算公式：[num,den]=series(num1,den1,num2,den2)。
（2）求并联环节的传递函数。
并联环节方框图如实验图 1-2 所示。

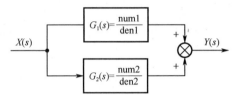

实验图 1-2　并联环节方框图

并联后的传递函数为

$$G(s) = \frac{Y(s)}{X(s)} = \frac{\text{num}}{\text{den}}$$

MATLAB 计算公式：[num,den]=parallel(num1,den1,num2,den2)。
（3）求单位反馈控制系统的传递函数。
单位反馈控制系统方框图如实验图 1-3 所示。

实验图 1-3　单位反馈控制系统方框图

此系统闭环传递函数为

$$G_{\text{B}}(s) = \frac{Y(s)}{X(s)} = \frac{G_{\text{C}}(s)G(s)}{1 \mp G_{\text{C}}(s)G(s)} = \frac{\text{num}}{\text{den}}$$

MATLAB 计算公式：[num,den]=cloop(num1,den1,sign)。
Sign 参数：正反馈用 +1，负反馈用 -1，省略则为负反馈。
（4）求闭环控制系统的传递函数。
闭环控制系统方框图如实验图 1-4 所示。

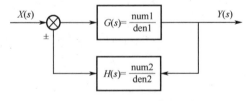

实验图 1-4　闭环控制系统方框图

此系统闭环传递函数为

$$G_B(s) = \frac{Y(s)}{X(s)} = \frac{G_C(s)G(s)}{1 \mp G_C(s)G(s)H(s)} = \frac{num}{den}$$

MATLAB 计算公式：[num,den]=feedback(num1,den1,num2,den2,sign)。

Sign 参数：正反馈用 +1，负反馈用 −1，省略则为负反馈。

四、实验内容

（1）某系统的传递函数为 $G = \dfrac{2s+1}{s^3+4s^2+2s+1}$，使用 MATLAB 表示该传递函数。

（2）某系统的传递函数零极点模型为 $G(s) = \dfrac{3(s+1)}{s(s+2)(s+3)}$，在 MATLAB 工作窗口中显示该传递函数。

（3）某系统的传递函数为 $G = \dfrac{2s^2+6s+4}{s^3+2s^2+s+1}$，将其转化成零极点模型。

（4）某系统的传递函数零极点模型为 $G(s) = \dfrac{2(s+1)}{s(s+2\mathrm{j})(s-2\mathrm{j})}$，将其转化成有理传递函数模型。

（5）已知系统的传递函数 $G_1(s) = \dfrac{1}{s^2+2s+1}$，$G_2(s) = \dfrac{1}{s+1}$，用 MATLAB 求两系统构成的串联、并联、负反馈（G_2 为反馈通道传递函数）系统的传递函数。

五、实验报告

（1）记录编写的程序及程序运行结果。

（2）整理在实验过程中遇到的问题及解决方法。

六、预习要求

（1）熟悉 MATLAB 软件部分函数。

（2）仔细阅读实验内容和实验目的。

■ 实验二　一阶系统动态响应的数字仿真

一、实验目的

（1）熟练掌握 step( ) 函数和 impulse( ) 函数的使用方法，研究一阶系统在单位阶跃函数、单位脉冲函数及单位斜坡函数作用下的响应。

（2）观察、分析一阶系统的动态响应波形。

（3）加强对控制系统瞬态过程的认识。

（4）学会使用 MATLAB 软件。

二、实验仪器

计算机一台（带 MATLAB 软件）。

三、实验原理

一阶控制系统的传递函数为 $G(s) = \dfrac{K}{Ts+1}$，为了研究控制系统的时域特性，经常需要求阶跃响应和斜坡响应。

（1）求阶跃响应的指令。

step(num,den)　　　时间向量 t 的范围由软件自动设定，阶跃响应曲线随即绘出

step(num,den,t)　　　时间向量 t 的范围可以由人工给定（例如 t=0:0.1:10）

[y,x]=step(num,den)　　返回变量 y 为输出向量，x 为状态向量

（2）求斜坡响应。

MATLAB 没有直接调用求系统斜坡响应的功能指令。在求取斜坡响应时，通常利用求阶跃响应的指令。基于单位阶跃信号的拉氏变换为 $1/s$，而单位斜坡信号的拉氏变换为 $1/s^2$。因此，当求系统 $G(s)$ 的单位斜坡响应时，可以先用 s 除 $G(s)$，再利用阶跃响应命令，就能求出系统的斜坡响应。

四、实验内容

（1）利用 MATLAB 软件产生阶跃信号。

（2）将阶跃信号和斜坡信号作为一阶系统的输入信号。

（3）利用 MATLAB 软件捕获一阶系统的输出值，并作出系统的阶跃响应曲线和斜坡响应曲线。

（4）按实验报告要求记录测试结果。

五、实验报告

1. 阶跃信号实验记录

（1）把一阶系统阶跃响应曲线在各时间点上的输出值记录到实验表 2-1 中。

实验表 2-1　　一阶系统阶跃响应曲线在各时间点上的输出值　　　　　　　　　单位：V

实验参数	T	$2T$	$3T$	$4T$	$5T$
K=1，T=0.5					
K=1，T=1					
K=2，T=1					

（2）记录不同 K、T 下的一阶系统阶跃响应曲线。

（3）根据测量结果和阶跃响应曲线，总结 K、T 对一阶系统性能指标的影响。

2. 斜坡信号实验记录

（1）记录不同 K、T 下的稳态误差值到实验表 2-2 中。

实验表 2-2　　一阶系统斜坡响应稳态误差测试

实验参数	K=1，T=0.5	K=1，T=1	K=2，T=1
稳态误差			

（2）记录不同 K、T 下的一阶系统斜坡响应曲线。

（3）总结 K、T 对一阶系统稳态误差的影响。

六、预习要求

（1）研究 K、T 的物理意义及其对系统响应曲线的影响。

（2）熟悉 MATLAB 软件在系统时域分析中的应用。

实验三　二阶系统动态响应的数字仿真

一、实验目的

（1）熟练掌握 step( ) 函数，研究二阶系统在单位阶跃函数作用下的响应。

（2）通过响应曲线观察 ζ 和 ω_n 对二阶系统性能的影响。

（3）加强对控制系统瞬态过程的认识。

（4）学会使用 MATLAB 软件。

二、实验仪器

计算机一台（带 MATLAB 软件）。

三、实验原理

典型二阶系统表达式为

$$G(s) = \frac{\omega_n^2}{s^2 + 2\zeta\omega_n s + \omega_n^2}$$

（1）利用 MATLAB 软件对给定的二阶典型控制系统进行仿真，通过 step( ) 函数模拟阶跃信号，作为二阶系统的输入，然后在控制系统的输出端获取二阶系统输出值并作出阶跃响应曲线。

（2）得到系统的单位阶跃响应曲线后，在图形窗口上右击，在 characteristics 子菜单中可以选择 Pesk Response（峰值）、Settling Time（调整时间）、Rise Time（上升时间）和 Steady State（稳态值）等参数，读出各项时域性能指标 $\sigma_p\%$、t_r、t_p、t_s、e_{ss}。

四、实验内容

（1）对典型二阶系统绘出 $\omega_n = 2\text{rad}/\text{s}$，分别取 $\tau = 0$，0.25，0.5，1.0 和 2.0 时的单位阶跃响应曲线，分析 ζ 对系统的影响，并计算 $\zeta = 0.25$ 时的时域性能指标 $\sigma_p\%$、t_r、t_p、t_s、e_{ss}。

（2）对典型二阶系统绘制出当 $\zeta = 0.25$，分别取 $\omega_n = 1$，2，4，6 时的单位阶跃响应曲线，分析 ω_n 对系统的影响。

五、实验报告

（1）记录编写的程序及单位阶跃响应曲线。

（2）对测量结果进行分析，总结不同系统参数对二阶系统响应曲线的影响及各性能指标之间的相互关系。

六、预习要求

（1）熟悉 MATLAB 指令及 step( ) 函数和 impulse( ) 函数。

（2）结合实验内容，提前编制相应的程序。

（3）思考 ζ 和 ω_n 对二阶系统性能的影响。

实验四　MATLAB 在稳定性和稳态误差分析中的应用

一、实验目的

（1）加强对控制系统稳定性及稳态误差概念的认识。

（2）熟练掌握系统稳定性的判断方法。

（3）学会利用 MATLAB 对控制系统的稳定性进行分析。

（4）学会利用 MATLAB 计算系统的稳态误差。

二、实验仪器

计算机一台（带 MATLAB 软件）。

三、实验原理

（1）利用 MATLAB 分析系统的稳定性。

在分析控制系统时，首先遇到的问题就是系统的稳定性。判断一个线性系统稳定性的有效方法是直接求出系统所有的极点，然后根据极点的分布情况来确定系统的稳定性。对线性系统来说，如果一个连续系统的所有极点都位于 s 平面的左半平面，则该系统是稳定的。

MATLAB 中根据特征多项式求特征根的函数为 roots( )，其调用格式为

$$r=roots(p)$$

其中，p 为特征多项式的系数向量；r 为特征多项式的根。

另外，MATLAB 中的 pzmap( ) 函数可用于绘制系统的零、极点图，其调用格式为

$$[p,z]=pzmap(num,den)$$

其中，num 和 den 分别为系统传递函数的分子和分母多项式的系数按降幂排列构成的系数行向量。

当 pzmap( ) 函数不带输出变量时，可在当前图形窗口中绘制出系统的零、极点图；当带有输出变量时，也可得到零、极点位置，如需要可通过 pzmap(p, z) 绘制出零、极点图，图中的极点用"×"表示，零点用"o"表示。

（2）利用 MATLAB 计算系统的稳态误差。

系统的误差 $E(s)$ 不仅与其结构和参数有关，还与输入信号 $R(s)$ 的形式和大小有关。如果系统稳定，且误差的终值存在，则可用下列的终值定理求取系统的稳态误差：

$$e_{ss} = \lim_{s \to 0} sE(s)$$

稳态误差是系统的稳态性能指标，是对系统控制精度的度量。计算系统的稳态误差以系统稳定为前提条件。分析表明：系统的稳态误差既与其结构和参数有关，又与控制信号的形式、大小和作用点有关。

在 MATLAB 中，利用函数 dcgain( ) 可求取系统在给定输入下的稳态误差，其调用格式为

$$e_{ss}=dcgain(nume,dene)$$

其中，e_{ss} 为系统的给定稳态误差；nume 和 dene 分别为系统在给定输入下的稳态传递函数的分子和分母多项式的系数按降幂排列构成的系数行向量。

四、实验内容

（1）系统的特征方程为 $2s^4 + s^3 + 3s^2 + 5s + 10 = 0$，试判别该系统的稳定性。

（2）某系统的传递函数为

$$G(s) = \frac{3s^4 + 2s^3 + 5s^2 + 4s + 6}{s^5 + 3s^4 + 4s^3 + 2s^2 + 7s + 2}$$

利用 MATLAB 命令分析系统的稳定性。

① 利用 MATLAB 分析系统的零点、极点和增益；

② 绘制零、极点图，判断系统的稳定性；

③ 绘制单位阶跃响应曲线，验证其稳定性。

（3）已知单位反馈系统的开环传递函数为

$$G_{K1}(s) = \frac{1}{(s+1)(s+0.5s)}$$

$$G_{K2}(s) = \frac{1}{s(s+1)(s+0.5s)}$$

$$G_{K3}(s) = \frac{1}{s^2(s+1)(s+0.5s)}$$

试求该系统在单位阶跃信号和单位斜坡信号作用下的稳态误差。

五、实验报告

（1）记录编写的程序及程序运行结果。

（2）根据结果分析系统的稳定性和稳态误差。

六、实验要求

（1）掌握复平面上根的位置与系统的相对稳定性的关系。

（2）熟悉相应的 MATLAB 命令。

（3）熟悉典型信号作用下稳态误差与系统型别之间的关系。

实验五　MATLAB 在频域分析中的应用

一、实验目的

（1）学会用 MATLAB 语句绘制各种频域曲线。

（2）掌握控制系统的频域分析方法。

二、实验仪器

计算机一台（带 MATLAB 软件）。

三、实验原理

频域分析法是应用频域特性研究控制系统的一种经典方法。它是通过研究系统对正弦信号的稳态和动态响应特性来分析系统的。采用这种方法可表达出系统的频率特性，分析方法比较简单。

1. 奈氏图（幅相频率特性曲线）的绘制

MATLAB 中绘制系统奈奎斯特图的函数调用格式如下：

nyquist(num,den)　　　　　频率响应 w 的范围由软件自动设定

nyquist(num,den,w)　　　　频率响应 w 的范围由人工设定

[Re,Im]= nyquist(num,den)　　返回奈氏曲线的实部和虚部向量，不作图

2. 伯德图（对数频率特性曲线）的绘制

MATLAB 中绘制系统伯德图的函数调用格式如下：

bode(num,den)　　　　　　　频率响应 w 的范围由软件自动设定

bode(num,den,w)　　　　　　频率响应 w 的范围由人工设定

[mag,phase,w]=bode(num,den,w)　　指定幅值范围和相角范围的伯德图

3. 相位裕量和增益裕量

对系统进行频率特性分析时，相位裕量和增益裕量是衡量系统相对稳定性的重要指标，应用 MATLAB 函数可以方便地求得系统的相位裕量和增益裕量。

函数：[Gm,Pm,Wcg,Wcp]=margin(mag,phase,w)

此函数的输入参数是幅值、相角与频率向量，它们是由 bode 或 nyquist 命令得到的。函数的输出参数是增益裕量 Gm、相位裕量 Pm（以角度为单位）、相位为 −180° 处的频率 Wcg、增益为 0dB 处的频率 Wcp。

四、实验内容

（1）系统的开环传递函数为

$$G(s) = \frac{2s+6}{s^3 + 2s^2 + 5s + 2}$$

绘制奈氏图和伯德图。

（2）系统的开环传递函数为

$$G_K(s) = \frac{10}{s(2s+1)}$$

绘制系统的奈氏图，说明系统的稳定性，并通过绘制单位负反馈阶跃响应曲线验证。

（3）系统的开环传递函数为

$$G_K(s) = \frac{10(0.5s+1)}{s(s+1)(0.05s+1)}$$

绘制系统的伯德图，并计算增益裕量、相位裕量、相角交界频率、幅值穿越频率。

五、实验报告

（1）根据内容要求，写出调试好的 MATLAB 程序及对应的结果。

（2）记录显示的图形，使用频域分析法分析系统。

（3）写出实验的心得与体会。

六、预习要求

（1）结合实验内容，提前编制相应的程序。

（2）掌握控制系统的频域分析法，理解稳定性的判断方法。

■ 实验六　PID 控制器

一、实验目的

（1）掌握 PID 控制器各环节的控制作用。

（2）掌握 MATLAB 程序的编制方法。

二、实验仪器

计算机一台（带 MATLAB 软件）。

三、实验原理

比例积分微分（PID）控制器是工业控制中常见的一种控制装置，它广泛用于化工、冶金、机械等工业控制系统中。PID 控制器有几个重要的功能：①提供反馈控制；②通过积分作

用消除稳态误差；③通过微分作用预测将来以减小动态偏差。

PID 控制器的传递函数表达式为

$$G_C(s) = K_P \left(1 + \frac{1}{T_i s} + \tau s \right)$$

式中，K_P 为比例系数；T_i 为积分时间常数；τ 为微分时间常数。

也可以表示成

$$G_C(s) = K_P + \frac{K_I}{s} + K_D s$$

式中，K_P 为比例系数；K_I 为积分系数；K_D 为微分系数。

设计者需要恰当地组合这些元件和环节，确定连接方式及它们的参数，以使系统全面满足所要求的性能指标。

四、实验内容

某电动机转速控制系统方框图如实验图 6-1 所示，采用 PID 控制器。试绘制系统单位阶跃响应曲线，分析 K_P、T_i、τ 三个参数对控制性能的影响。

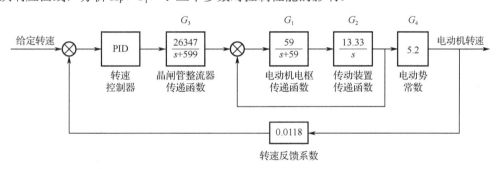

实验图 6-1　某电动机转速控制系统方框图

（1）采用 P 控制，令 K_P 分别取 1、3、5 时，且 $T_i \to \infty$，$\tau =0$ 时，绘制系统的阶跃响应曲线。

（2）采用 PI 控制，固定比例系数 $K_P=1$，令 T_i 取 0.03、0.05、0.07 时，绘制该系统的阶跃响应曲线。

（3）采用 PID 控制，固定比例系数 $K_P=1$，$T_i=0.07$，令 τ 分别取 0.005、0.01、0.015 时，绘制该系统的阶跃响应曲线。

五、实验报告

（1）根据内容要求，分析单位阶跃响应曲线。

（2）比较 P 控制器、PI 控制器、PID 控制器三种控制器对系统的校正效果，总结比例系数 K_P、积分时间常数 T_i、微分时间常数 τ 对控制性能的影响。

（3）写出实验的心得与体会。

六、预习要求

（1）结合实验内容，提前编制程序。

（2）掌握 PID 控制规律。

实验七　PID 参数整定

一、实验目的

（1）了解 PID 控制器中 P、I、D 三种基本控制作用对控制系统性能的影响。

（2）进行 PID 控制器参数整定技能训练。

二、实验仪器

计算机一台（带 MATLAB 软件）。

三、实验原理

PID 控制器的整定就是针对具体的控制对象和控制要求调整控制器参数，求取控制质量最好的控制器参数值，即确定最适合的比例系数 K_P、积分时间 T_i 和微分时间 τ。

1. 经验公式和实践相结合的方法

（1）衰减曲线经验公式法。

在闭环控制系统中，先将控制器变为纯比例作用，并将比例度预置在较大的数值上。在达到稳定后，用改变给定值的方法加入阶跃干扰，观察被控变量曲线的衰减比，然后从大到小改变比例度，直至出现 4：1 衰减比为止，记下此时的比例度 δ_s（称为 4：1 衰减比例度），从曲线上得到衰减周期 T_s。最后根据经验公式，求出控制器的参数整定值。

（2）实践整定法。

先用经验公式法初步确定 PID 参数，再微调各参数并观察系统响应的变化，直至得到较理想的控制性能。

2. 临界比例度法（又称稳定边界法）

先让控制器在纯比例控制作用下（K_I 和 K_D 置为 0），通过增加比例项的增益 K_P 使系统处于临界稳定状态（系统出现等幅振荡）。将系统此时比例项的增益定为极限增益 K_k，对应的振荡响应周期（曲线两峰值之间的距离）定义为 T_k，再通过参数整定计算公式求出衰减振荡时 PID 控制器的参数值。

四、实验内容

（1）设有一个单位负反馈系统，其开环传递函数为

$$G(s) = \frac{s+4}{(s+3)(s+2)(s+1)^3}$$

试利用衰减曲线经验公式和实践相结合的方法调节 PID 控制器参数，使得控制系统的性能达到最优，并绘制整定前和整定后系统的单位阶跃响应曲线。

（2）设有一个单位负反馈系统，其开环传递函数为

$$G(s) = \frac{1}{s^3 + 5s^2 + 6}$$

试采用临界比例度法计算系统 PID 控制器的参数，并绘制整定前和整定后系统的单位阶跃响应曲线。

五、实验报告

（1）根据内容要求，记录相应的阶跃响应曲线。

（2）比较整定前后各项动态性能指标，分析各种整定方法的优缺点。

六、预习要求

（1）如何实现 PID 参数整定？

（2）PID 参数整定各种方法的注意事项是什么？

参考文献

[1] 温希东 . 自动控制原理及其应用 [M]. 2 版 . 西安：西安电子科技大学出版社，2022.

[2] 梁南丁，赵永君 . 自动控制原理与应用 [M]. 北京：北京大学出版社，2007.

[3] 胡寿松 . 自动控制原理 [M]. 7 版 . 北京：科学出版社，2019.

[4] 李家星 . 自动控制原理同步辅导及习题全解 [M]. 6 版 . 北京：中国水利水电出版社，2014.

[5] 沈玉梅 . 自动控制原理与系统 [M]. 北京：北京工业大学出版社，2010.

[6] 姚樵耕，俞文根 . 电气自动控制 [M]. 北京：机械工业出版社，2005.

[7] 丁跃浇 . 机电传动控制 [M]. 2 版 . 武汉：华中科技大学出版社，2018.

[8] 郝芸，陈相志 . 自动控制原理及应用 [M]. 3 版 . 大连：大连理工大学出版社，2016.

[9] 王超 . 自动控制原理与系统 [M]. 合肥：安徽科学技术出版社，2008.

[10] 王纪坤，李学哲 . 机电一体化系统设计 [M]. 北京：国防工业出版社，2013.

[11] 刘龙江 . 机电一体化技术 [M]. 2 版 . 北京：北京理工大学出版社，2012.

[12] 黄志坚 . 电气伺服控制技术及应用 [M]. 北京：中国电力出版社，2016.

[13] 吴晗平 . 光电系统设计基础 [M]. 北京：清华大学出版社，2010.

[14] 邱士安 . 机电一体化技术 [M]. 西安：西安电子科技大学出版社，2004

[15] 徐航，徐九南，熊威 . 机电一体化技术基础 [M]. 北京：北京理工大学出版社，2010.

[16] 黄忠霖 . 控制系统 MATLAB 计算及仿真 [M]. 2 版 . 北京：国防工业出版社，2004.

[17] 宋建梅，王正杰 . 自动控制原理 [M]. 北京：电子工业出版社，2012.

[18] 刘振全，杨世凤 . MATLAB 语言与控制系统仿真实训教程 [M]. 北京：化学工业出版社，2009.

[19] 张磊，任旭颖 . MATLAB 与控制系统仿真 [M]. 北京：电子工业出版社，2018.

[20] 王丹力，赵剡，邱治 . MATLAB 控制系统设计、仿真、应用 [M]. 北京：中国电力出版社，2007.

[21] 杨博 . 伺服控制系统与 PLC、变频器、触摸屏应用技术 [M]. 北京：化学工业出版社，2021.

反侵权盗版声明

　　电子工业出版社依法对本作品享有专有出版权。任何未经权利人书面许可，复制、销售或通过信息网络传播本作品的行为，歪曲、篡改、剽窃本作品的行为，均违反《中华人民共和国著作权法》，其行为人应承担相应的民事责任和行政责任，构成犯罪的，将被依法追究刑事责任。

　　为了维护市场秩序，保护权利人的合法权益，我社将依法查处和打击侵权盗版的单位和个人。欢迎社会各界人士积极举报侵权盗版行为，本社将奖励举报有功人员，并保证举报人的信息不被泄露。

举报电话：（010）88254396；（010）88258888

传　　真：（010）88254397

E-mail：　dbqq@phei.com.cn

通信地址：北京市海淀区万寿路173信箱

　　　　　电子工业出版社总编办公室

邮　　编：100036